无人机技术及应用丛书

民用无人机及其行业应用

MINYONG WURENJI JIQI HANGYE YINGYONG

蔡志洲　林伟　等著

高等教育出版社·北京

内容简介

本书是"无人机技术及应用"丛书著作。

本书主要针对民用无人机技术,介绍无人机的组成、无人机系统技术、无人机的行业应用和研究发展趋势。全书共6章,主要内容包括:无人机系统概述和发展、相关法规和管理政策、无人机在行业中的应用、无人机系统遥感测量概述以及无人机系统的可持续发展。本书图文并茂、实例丰富,结合当前小微型无人机的主要技术特点、优势及其发展趋势,对民用无人机的基础知识和重大工程实践重点讲解,为相关研究和应用提供参考。

本书可供不同行业中应用无人机技术的专业人员培训使用,也可供广大对无人机技术和应用感兴趣的读者阅读。

图书在版编目(CIP)数据

民用无人机及其行业应用 / 蔡志洲等著. -- 北京:高等教育出版社,2017.1(2021.9重印)
ISBN 978-7-04-046544-0

Ⅰ.①民… Ⅱ.①蔡… Ⅲ.①民用飞机-无人驾驶飞机-研究 Ⅳ.①V279

中国版本图书馆 CIP 数据核字(2016)第 238182 号

| 策划编辑 | 冯 英 | 责任编辑 | 冯 英 | 封面设计 | 王 琰 | 版式设计 | 马 云 |
| 责任校对 | 胡美萍 | 责任印制 | 耿 轩 | | | | |

出版发行	高等教育出版社	网　　址	http://www.hep.edu.cn
社　　址	北京市西城区德外大街4号		http://www.hep.com.cn
邮政编码	100120	网上订购	http://www.hepmall.com.cn
印　　刷	河北信瑞彩印刷有限公司		http://www.hepmall.com
开　　本	787mm×1092mm 1/16		http://www.hepmall.cn
印　　张	11.75		
字　　数	210千字	版　　次	2017年1月第1版
购书热线	010-58581118	印　　次	2021年9月第4次印刷
咨询电话	400-810-0598	定　　价	69.00元

本书如有缺页、倒页、脱页等质量问题,请到所购图书销售部门联系调换
版权所有 侵权必究
物 料 号 46544-A0

主要作者

（排名不分先后）

蔡志洲	林 伟	徐 卉	杨星宇	董亚明
来楷迪	罗 静	刘 磊	宣 昊	王东卫
张本群	张 林	陈俊峰	姜德文	蔡和君
黄丽瑜	刘文霞			

主编

蔡志洲

交通运输部环境保护中心研究员,总工程师。长期从事环境保护、水土保持等研究工作,是交通部、环保部、水利部等国家级专家。

【编者语】

幼时蓝天白云,常被父母带着放飞小小的纸飞机。多年来在梦里它还在飞,飞得更高、更远、更优美。1983年求学北京农业大学昆虫学专业,研究生求学于北京大学生态学、北京林业大学风景园林专业。那时,常常羡慕优雅的蝴蝶、蜻蜓、瓢虫、草蛉,矫健的燕、雁、鹰、鹦鹉,它们有舒展的翅膀,自由地飞翔在三维景观之中。现在,通过无人机的所见,人们也可以体会高飞的视角和动感,还可以利用航拍的图视频,建立数字化3D计算机模型,进行规划、评价、设计、决策。

在此感谢父母亲人、师尊朋友以及领导同事,他们的教导、帮助和支持成为自己追求理想的动力。相信无人机的应用,会帮助大家更加了解自然、提高保护环境的意识,青山碧水、鹰飞鱼翔,子子孙孙,生活更美。——蔡志洲

林伟

交通运输部环境保护中心无人机应用部主任,高级工程师。毕业于北京工业大学。近年来致力于研究、推广无人机相关技术及其行业应用,在环境保护、水土保持等工作领域中积累了大量的应用经验。

前言

近三五年来,无人机系统技术从军用广泛地扩展到民用,发展和应用日新月异。以"天上的视角"遥感和载物,无人机给各行各业不仅带来了技术和手段的革新,更改变着人们传统的观察模式,打开了人们的思路。

实际上无人机的功能即"带它飞",无人机是一个搭载了各种载具的低空平台。从应用领域分类,它具有遥感和非遥感两大功能。遥感功能包括多光谱图视频、摄影航测等,非遥感功能包括运输货物、携带专业化设备、建立各种空中基站等。

本书围绕民用无人机,介绍了无人机的发展、无人机系统及其组成;汇总了欧美等发达国家和我国无人机、空域、驾驶员、产品和成果的相关法律法规、管理要求和技术规范等;收集了国内外在国土、智慧交通、环境保护、水利、水土保持、农林、输变电、新闻、消防和危险应急、公安、影视、文物考古、保险理赔等遥感领域的应用案例,以及运载功能、数据传输空中中继站等非遥感领域和消费级无人机的应用案例。书中行业应用部分列举了百余案例,是希望帮助读者进一步扩大思路,激发无人机的创新和应用;作为最重要的应用领域之一,本书对无人机遥感测量的工作程序、内容和地理信息相关软件等,做了较全面的介绍;探讨展望了无人机系统、无人机相关法规和应用等的可持续发展;无人机应用的领域、涉及技术极为广泛,书末列出了有关参考文献。

随着法规的完善、监管技术的进步,以及人们安全意识的提高,我们的天空将更加自由、无人机技术越来越可靠,到那时,也许限制无人机应用的只有我们的思想和眼界了。

丙申年春去秋来,编写过程中,各位行业应用方面有经验的专家共同研究、提炼案例、总结经验,付出了大量的经验和智慧,谨此表示深深的感谢。无人机及相关技术的进步一日千里,应用博大精深,本书难免浮光掠影、挂一漏万,还请读者多多批评指正!

作者
2016 年 10 月

目录

1 无人机系统概述 / 1

1.1 无人机和无人机系统的概念 / 1
1.2 不同平台结构的无人机 / 2
1.3 不同领域的无人机 / 5
1.4 无人机系统的集成 / 6

2 无人机系统的发展 / 15

2.1 无人机的起源 / 15
2.2 无人机应用民用化发展过程 / 20

3 无人机相关法规和管理政策 / 23

3.1 无人机系统不当使用的事故和威胁 / 23
3.2 无人机相关法规标准的体系框架 / 31
3.3 国外无人机相关法规和管理政策 / 31
3.4 我国的无人机法规 / 42

目 录

3.5 无人机驾驶员培训驾驶 / 51
3.6 无人机作业产品数据安全 / 57
3.7 无人机飞行技术管理 / 59

4 无人机系统的多行业应用 / 67

4.1 无人机应用概述 / 67
4.2 无人机遥感的技术优势 / 68
4.3 国土行业 / 70
4.4 助力智慧交通 / 75
4.5 环境保护和水土保持 / 81
4.6 自然保护区和野生动植物研究 / 94
4.7 水利工程行业 / 99
4.8 农林行业 / 101
4.9 输变电行业 / 108
4.10 新闻采访 / 110
4.11 消防和危险应急 / 113
4.12 公共安全 / 115
4.13 影视行业 / 115
4.14 文物考古 / 116
4.15 保险理赔 / 117
4.16 无人机系统运载功能的应用 / 118
4.17 无线数据传输空中中继站 / 123
4.18 消费级无人机 / 124

5 无人机系统遥感测量概述 / 125

5.1 无人机遥感概况 / 125

5.2 摄影测量的基础知识 / 129

5.3 无人机遥感测量的工作程序和内容 / 138

5.4 图像后处理软件介绍 / 141

5.5 相关地理信息软件介绍 / 145

6 无人机系统可持续发展 / 159

6.1 无人机系统的发展未来 / 159

6.2 无人机系统行业应用发展 / 163

参考文献 / 167

1 无人机系统概述

1.1 无人机和无人机系统的概念

无人机的概念准确表达应分为无人机和无人机系统两个内容。

无人机（Unmanned Aircraft，UA）是由控制站管理（包括远程操纵或自主飞行）的航空器，也称远程驾驶航空器（Remotely Piloted Aircraft，RPA），英文也常用 UAV（Unmanned Aerial Vehicle）。一般所说的无人机是无人驾驶飞机的简称，但也有飞行自动控制、搭载乘客的无人机，采用无人机的多旋翼结构进行载人飞行。

无人机系统（Unmanned Aircraft System，UAS）也称远程驾驶航空器系统（Remotely Piloted Aircraft Systems，RPAS），是指由无人机、相关控制站、所需指令与控制数据链路以及批准型号设计规定的任何其他部件组成的系统。

出于不同平台结构，无人机包括无人直升机、固定翼飞机、多旋翼飞行器、无人飞艇、无人伞翼机等，可用于不同领域。广义地看，无人机也包括临近空间飞行器（20~100 km 空域），如平流层飞艇、高空气球、太阳能无人机等。

无人机结构简单、使用成本低，更适用有人飞机不宜执行的任务，如危险区域的地质灾害调查、空中救援指挥和环境遥感监测等。

无人机与航空模型有着千丝万缕的联系。航空模型从机体空气动力学外形，到动力、无线遥控等各方面都为无人机打下了坚实的基础。但是，近年来无人机的发展走向更多功能化、可控的新领域，已与航模有了很大的差别。一般认为两者的区别在于，航模只能在视距范围内飞行，且只能用作表演、训练、比赛，并没有可自动飞行的飞行控制系统，没有相机、药箱、武器等任务载荷,不能实现图视频、遥感、载物等多任务功能。也就是说,除去飞控和任务载荷,纯手控并在视距内飞行的飞行器就是航模。

为方便和简化叙述,本书中在不会引起歧义的条件下,有时用"无人机"代表无人机(UA、UAV)和无人机系统(UAS)两个概念。

1.2 不同平台结构的无人机

无人机主要有固定翼无人机、无人直升机和多旋翼无人机三大平台,其他小种类无人机平台还包括伞翼无人机、扑翼无人机和无人飞船等。固定翼无人机是军用和多数民用无人机的主流平台,最大特点是飞行速度较快;无人直升机灵活性最强,可以原地垂直起飞和悬停;多旋翼(多轴)无人机是消费级和部分民用用途的首选平台,灵活性介于固定翼和直升机之间,操纵简单、成本较低。

1.2.1 无人直升机

无人直升机通过无线电遥控或通过机载计算机程控飞行,相比于固定翼无人机,具有独特的飞行性能及使用价值,其技术优势是能够定点起降,场地要求较小,能够垂直起降、空中悬停,使用灵活等。其在军用方面适合在战场前沿、军舰甲板等狭小的场地上起降,可用于执行侦察、战损评估、通信中继和电子干扰等任务;在民用方面,无人直升机被用于完成大气监测、资源勘探、边防巡逻、电力线巡检、森林防火、航拍等任务。

无人驾驶直升机的结构相对来说比较复杂,操控难度也较大,所以种类有限,主要应用于突发事件的调查,如山体滑坡勘查、火山环境的监测等领域。

1.2.2 多旋翼(多轴)无人机

多轴无人飞行器,是具有两个旋翼轴以上的、能够垂直起降的不载人旋翼航空器。常见的有四轴、六轴、八轴飞行器等。多旋翼无人机由每个轴末端的固联在刚性十字交叉结构上的独立电机驱动的螺旋桨产生上升动力,能够垂直起降、自由悬停、可适应各种速度及各种飞行剖面航路的飞行状况。多旋翼无人机中最为常见的是四旋翼机,具有如下特点。

- 体积小、重量轻,适合多平台、多空间使用,不需要弹射器、发射架,可在地面、军舰上灵活垂直起降;
- 结构简单、成本低,拆卸方便且易于维护,因此携带方便、易于操作,

1.2 不同平台结构的无人机

能轻易进入人不易到达的各种恶劣环境；
- 飞行稳定性好，安全性好，可以提供准确实时的目标探测信息；
- 飞行高度低，具有很强的机动性，能进入建筑物、洞穴或隧道内执行任务，便于在复杂环境下使用，可以对细小环节进行侦察。

图 1-1　无人直升机

图 1-2　多旋翼无人机

1.2.3　固定翼无人机

对于固定翼无人机，手动遥控飞行和预设程序飞行均容易实现，抗风能力比较强，类型较多。其发展趋势是微型化和长航时，微型化的固定翼无人机可随包携带，电力驱动一次起降在 40~120 min；长航时固定翼无人机的体积一般比较大，燃油动力为主，续航时间在 10 h 以上，能同时搭载多种遥感传感器。固定翼无人机的起飞方式有滑行、弹射、车载、火箭助推和飞机投放等，降落方式有滑行、伞降和撞网等。固定翼无人机的起降需要比较空旷的场地，比较适合林业和草场监测、矿山资源监测、海洋环境监测、城乡土地利用监测，以及水利、电力等领域的应用。

图 1-3　固定翼无人机

1 无人机系统概述

1.2.4 多轴+固定翼(复合翼)无人机

多轴旋翼无人机留空时间短、飞行速度慢,一些飞行作业任务繁重使旋翼无人机无法快速覆盖;而固定翼无人机起降场地要求较严苛,一些飞行作业区又没有合适的起降点。于是,扬长避短的新机型被研发出来,称为"复合翼垂直起降无人机",它既具有旋翼机型垂直变向特殊优势,又具有固定翼机型飞行中耗能少、速度快、航时长、载荷大等优势。

2016年成都纵横公司研发的复合翼无人机"大鹏",不需要跑道和起降空域,无需复杂笨重的发射和回收设备,无需增加额外的回收传感器;无需复杂的辅助设备,运输、展开、维护、撤收简单,系统紧凑、成本低廉,速度快、航时长、效率高,极大扩展了无人机的应用范围。

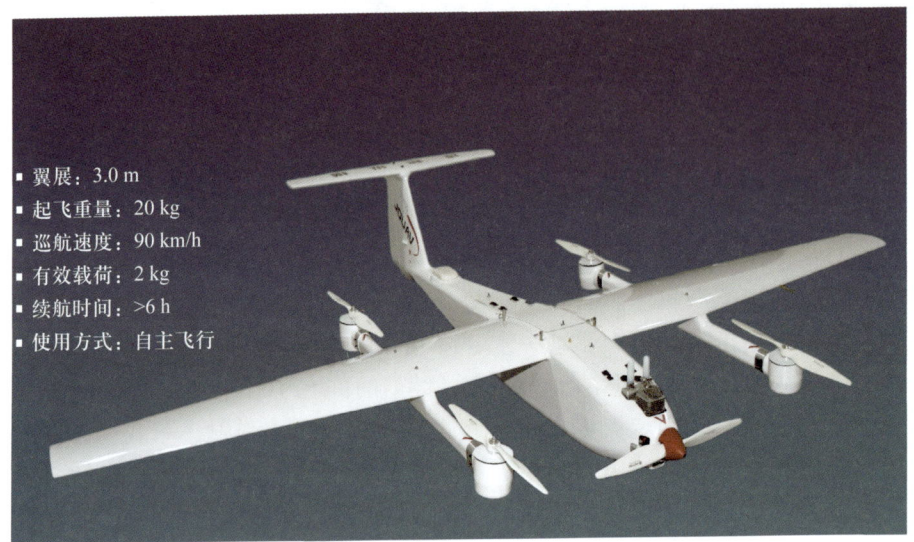

- 翼展:3.0 m
- 起飞重量:20 kg
- 巡航速度:90 km/h
- 有效载荷:2 kg
- 续航时间:>6 h
- 使用方式:自主飞行

图 1-4　复合翼无人机 CW-20 大鹏

在科技、娱乐与设计(Technology, Entertainment, Design,TED)2016展会上,瑞士科学家拉菲罗·安德烈(Raffaello D'Andrea)展示了他的立式垂直起落飞机 Tail-Sitter,可以从盘旋平稳地过渡到向前和向后飞行。和其他固定翼飞机一样,它向前飞的效率更高,远远超过直升机及类似的变体。但又和其他的固定翼飞机不同,它能够悬停,这让它在起飞、降落和通常的动作上拥有巨大优势。

1.3 不同领域的无人机

图1-5 复合翼垂直起降无人机

1.2.5 三种无人机的特点比较

多旋翼、固定翼无人机和无人直升机的主要特点见表1-1。

表1-1 无人机的特点比较

性能指标	多旋翼	固定翼	直升机
控制方式	多个旋翼	固定机翼+摆翼	螺旋桨+旋翼
系统	不稳定系统	自稳定系统	不稳定系统
驱动系统	欠驱动系统	完整驱动系统	完整驱动系统
起飞方式	电机+旋翼	桨+助推发动机	发动机+桨（系统）
起降便利性	垂直起降，方便	弹射、手抛、伞降等	垂直起降，较方便
结构和维护	简单	较复杂	结构复杂，维护成本高
侧飞	是	否	是
载荷	小	大	中等
续航时间	短	较长	中等

1.3 不同领域的无人机

无人机可分为军用、民用和消费级三大类，不同领域对于无人机的性能要求各有偏重。

1 无人机系统概述

1. 军用无人机

在灵敏度、飞行高度、速度、智能化等方面的要求更高,是技术水平最高的无人机,包括侦察、诱饵、电子对抗、通信中继、靶机和无人战斗机等机型。

2. 民用无人机

民用无人机是一类专业化的无人机,对于操作人员培训、综合成本等有较高的要求,需要形成成熟的产业链提供零部件和支持服务。民用无人机的市场包括警用、消防、气象、航拍航测、灾害预防、海洋监测、环境保护等方面。

3. 消费级无人机

消费级无人机一般是指用于航拍、游戏等休闲用途,采用成本较低的多旋翼平台的无人机。虽然价格较低,但一些产品性能并不差,甚至屡次出现在中东等战场上。

1.4 无人机系统的集成

无人机系统(UAS)不是简单的无人机本身,它分为有形和无形两部分。有形部分首先需要进行操作的技术人员,此外还包括飞机系统、地面系统和任务载荷三大部分;无形部分主要是数据链;合在一起可共称为"人、机、地、载、链"。

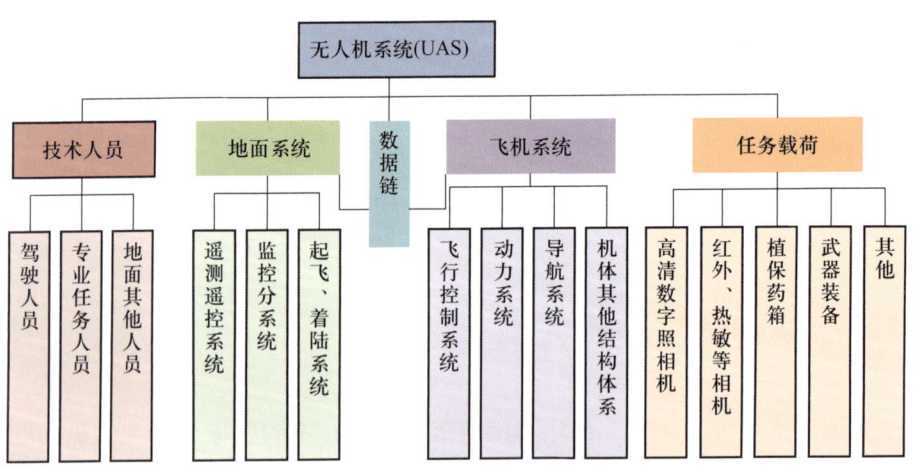

图 1-6 无人机系统组成框图

1.4 无人机系统的集成

1.4.1 技术人员

目前无人机还没有发展到不需要人控制的智能化程度。无人机的直接操作人员，称为飞手或机长，根据专业任务的需求，单人或多人相互配合飞行，合作完成具体任务，如拍摄、洒（撒）药等。地面人员包括计算机地面站操作员、数据采集和复核人员、其他辅助人员等。

许多无人机飞行控制系统可以规划飞行高度、节点、路线，并可以在特定的时间或地点自主操作无人机任务载荷，从而减轻了飞手的工作量，也避免了人为的操作失误。

1.4.2 飞机系统

飞机系统由飞控、导航、动力和机体子系统组成。

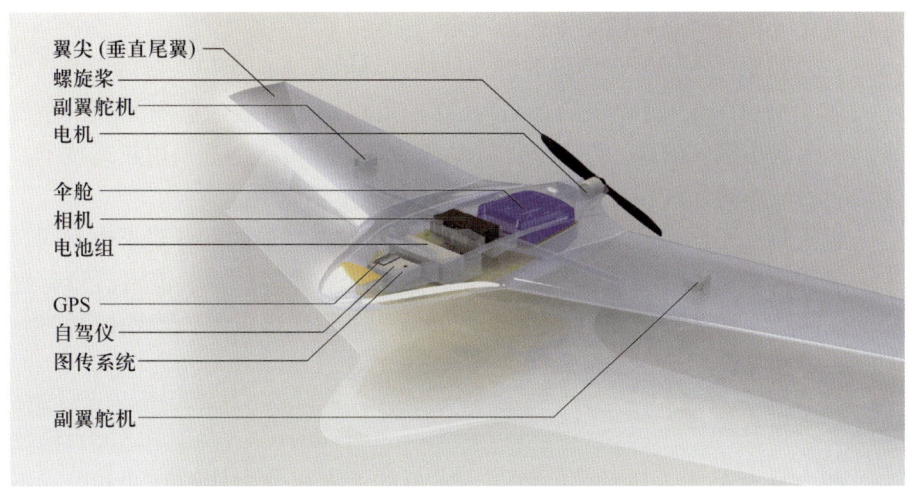

图1-7 好易飞 V-EZ 无人机系统示意图

1. 导航系统

导航系统向无人机提供参考坐标系的位置、速度、飞行姿态，引导无人机按照指定航线飞行，相当于有人机系统中的领航员。无人机机载导航系统主要分非自主，如全球定位系统（Global Positioning System，GPS）等和自主（惯性制导）两种，但分别存在易受干扰和误差积累增大的缺点。未来无人机的发展要求障碍回避、物资或武器投放、自动进场着陆等功能，需要高精度、高可靠性、高抗干扰性能，因此多种导航技术结合的"惯性+多传感器+GPS+光电导航系统"将是未来发展的方向。

2. 传感器

无人机机身大量装配有各种传感器，用于感受无人机的姿态、航向、位置、角速度、速度、能量等信息，传送给飞机飞行控制系统。

加速度计。微机电机械传感器（Micro-Machined Electro-Mechanical Sensor，MEMS）通过感知微型集成电路的微小运动，确定位置和无人机的飞行姿态。

惯性测量单元。惯性测量单元采用的多轴磁传感器，在本质上都是精准度极高的小型指南针，通过感知方向将数据传输至中央处理器，从而指示方向和速度。惯性测量单元结合GPS，是维持方向和飞行路径的关键。

倾角传感器。集成了陀螺仪和加速度计，为飞行控制系统提供保持水平飞行的数据。一般采用三轴速率陀螺实现无人机俯仰、倾斜和航向3个方向的增稳控制。

电流传感器。电流传感器可用于监测和优化电能消耗，确保无人机内部电池充电和电机故障检测系统的安全。

磁传感器。电子罗盘提供关键性的惯性导航和方向定位系统的信息。

发动机进气流量传感器。流量传感器可以用于有效地监测无人机燃气发动机的微小空气流速。许多气体发动机质量流量传感器都采用热式技术，主要利用加热的元件和至少一个温度传感器来量化质量流量。

无人机在不同飞行环境下、不同用途时，对传感器的配置要求也不同。未来对无人机态势感知、避障等方面的需求越来越多，要求传感器具有更高的探测精度和分辨率，因此传感器大量应用了超光谱成像、合成孔径雷达、超高频穿透等新技术。

3. 动力系统

动力系统是无人机的"心脏"，常见的无人机动力能源有油和电，不同用途的无人机对动力装置的要求不同，但都希望发动机体积小、成本低、工作可靠，遗憾的是世界上目前无人机都存在"心脏"的问题——续航能力有限。传统的锂电池技术很难突破更大的容量，无人机长航时寄托在新介质电池、太阳能、氢能等新能源，以及发动机的结构机械技术的创新开发等方面。

（1）燃油动力

燃油发动机提供长航时、大动力的解决方案。其中，民用无人机多为活塞式发动机，适用于低速、低空、稍小型无人机，应用最多的是各种植保无人机等；一次性使用的靶机、自杀式无人机或导弹，要求推重比较大、寿命可以较短（1~2 h），一般使用涡喷式发动机；低空无人直升机一般使用涡轴发动机，高空长航时的大型无人机一般使用涡扇发动机（美国全球鹰重达 12 t）。

（2）锂电池动力和智能电池

目前民用小型多旋翼、固定翼无人机主要采用锂聚合物电池作为主要动力，起飞质量在 2~5 kg 以内，续航能力一般在 15~30 min，虽因技术方面不同有所差别，但大部分续航时间都是在 40 min 以内，充电时间却都超过了 1 h。使用高能锂电池，重量大，通常飞行也不超过 1.5 h。

无人机和电池需要一系列的控制协作，从而催生了电池智能系统。智能电池在无人机应用中具有：电池电压显示、电量剩余百分比显示、寿命显示、电池存储自放电保护、充电保护、过充电保护、充电温度保护、充电过流保护、过放电保护、短路保护、电芯损坏检测（每颗电芯的电压、现在的电流）、电池历史记录（充放电次数）、休眠保护等功能，可以让用户全面、清楚地了解电池的实时状况和健康程度。

2015 年 9 月，特斯拉（Tesla）作为电动汽车领域的佼佼者，公布了一款专门针对航拍应用的无人机。该款无人机原型机搭载了一块 10 000 mA·h 电池，单次充电可持续飞行 60 min，充电时间为 20 min 左右。

（3）新能源电池和混合动力

氢燃料电池。2015 年 5 月，新加坡 HUS 公司使用氢燃料电池的多轴无人机 HYCOPTER，空载情况下能够连续飞行 4 h，即使 1 kg 满载情况下仍能飞行 150 min，远超锂电池来驱动的无人机续航时间。2015 年 8 月，武汉的众宇动力系统科技有限公司的氢燃料电池多旋翼无人机，完成 3 h 野外持续飞行测试。如果使用标准电池，这款无人机一次充电只能飞行二三十分钟。氢燃料电池通过化学反应将氢气转换为电力，而副产品仅仅只是水蒸气。由于燃料储存在小盒子中，而更换燃料盒只需几分钟时间，因此无人机可以快速补充燃料并再次升空。

太阳能电池板。2010 年英国"和风"号超轻型太阳能无人机安装太阳能电池板和使用陆基激光供电提高无人机飞行时间，创造了连续飞行 14 天的记录。

2014 年 6 月，全球最大的瑞士帕耶讷太阳能飞机"阳光动力 2 号"首飞。机翼翼展长达 72 m，安装有 1.7 万块超薄且高效能的太阳能电池板。飞机的动力由太阳能电池组提供，由于太阳辐射能量密度小，为获得足够能量，太阳能飞机须有较大的摄取阳光的表面积。太阳能板在日间吸收能量，让飞机在晚间也可飞行，大大提高了飞行续航时间。

混合动力。德国的 Airstier 公司的无人机 Yeair！，续航 1 h，峰值速度 100 km/h，有效载荷 5 kg，这是无人机采用锂聚合物电池技术基本不可能够达到的。Yeair! 采用油电混合动力，每个螺旋桨都由两个发动机驱动，一个 600 W 的电动机、另一个 10 cc 的二冲程燃油发动机。燃油发动机发电，再驱动电动机，经过2次能量转换提高2倍航时，对无人机作业而言也算值得，但就能量转换而言明显是不尽合理的。

（4）续航时间

无人机的大小、荷载、动力与续航时间是互相配合的。续航时间首先与油或电动力选择有关。荷载越大，必然要使用遒劲的动力和较大的机身，多选择燃油动力，飞机油箱越大、动力发动机越高效，滞空时间就会越长。而电池动力的多旋翼无人机一般滞空时间在30 min之内。

滞空时间越长就需要越大的电池、更加重了机体满载。而由于无人机需要尽可能减轻起飞重量，所以一般不携带较重的大容量电池，否则携带乘坐民航、动车等也会受到限制。

对于一般工作用途的图像摄影无人机而言，单架次时间在20 min左右，了解某一局部目的地的环境概况和细节，时间应该是充裕的。对于长距离或大面积的航拍需求，多采用固定翼、较高速（60 km/h以上）无人机，电池动力可飞行时间约1 h，也基本可以满足作业要求。但大多数有经验的飞手通常都要携带四五块电池，难免感到不便，这是目前无人机发展短板之一，解决无人机续航能力的问题迫在眉睫。

4. 飞行控制与管理系统

无人机飞行控制与管理系统（Flight Control and Management System for UAV）（以下简称飞控）是整个飞行过程的核心控制系统，是无人机最核心的技术之一。飞控感知所有传感器的反馈，完成无人机的导航、飞行任务管理、任务载荷管理与控制，强调系统稳定性、控制与导航精度等性能指标和任务管理能力，特别是自主导航能力，对无人机实现全权限控制与管理。因此，飞控系统对无人机的功能和性能起关键、决定性作用。

飞控系统包括无人机飞控芯片（机载计算机）、GPS全球定位系统、传感器和伺服作动器，要集成进行组合设计，实现：

- 接受机身各种传感器传达的无人机姿态、航向、位置、角速度、速度、电量、发动机状况等信息；
- 采用GPS技术实现无人机导航控制；
- 机载计算机（飞控芯片）采用微电子、单片机技术进行信息采集和处理，形成控制信号；
- 伺服作动器采用电子伺服舵机接收机载计算机的控制信息，进行功率放大，驱动舵面和发动机节风门等机构进行相应的动作。

1.4 无人机系统的集成

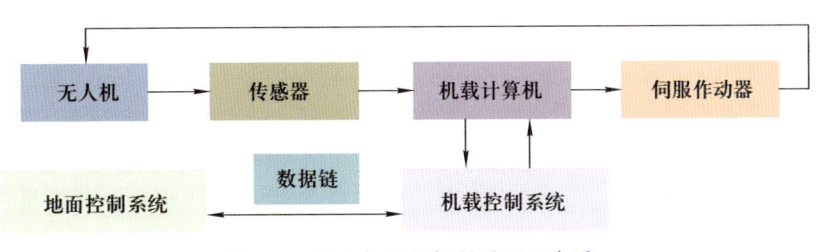

图 1-8 无人机飞行控制原理示意图

1.4.3 地面系统

地面控制站（Ground Control Station，GCS）也称"地面任务规划与控制站"，是整个无人机系统的指挥中心，一般是高性能的便携式笔记本计算机工作站，甚至是车载大型移动计算机工作站。它在飞行前研究任务区域地图、标定飞行高度、路线等进行任务规划，飞行中将无人机发回来的信息进行分析、处理，控制飞行过程、飞行航迹，控制载荷装备的任务功能，通信链路的正常工作，并给飞行器下达各种指令，以及飞行器的发射和回收。即具有包括任务规划、数字地图、卫星数据链、图像处理能力在内的集控制、瞄准、通信、处理于一体的综合能力。GCS 除了完成基本的飞行与任务控制功能外，同时也要求能够灵活地克服各种未知的自然与人为因素的不利影响，适应各种复杂的环境，保证全系统整体功能的成功实现。

地面站是实现多机控制的基础，其功能日益强大，不仅能控制同一型号的无人机群，还能控制不同型号无人机的联合机群；地面站系统具有开放性和兼容性，即不必进行现有系统的重新设计和更换，就可以在地面控制站中通过增加新的功能模块实现功能扩展；相同的硬件和软件模块可用于不同的地面站。

1.4.4 数据链

数据链（Data Chain）传输系统负责完成对无人机系统遥控、遥测、跟踪定位和传感器传输。数据链分为上行数据链和下行数据链。上行数据链是指将地面操作人员动作指令传送给无人机，实现对无人机遥控；下行数据链就是所谓的图传系统，将任务载荷收集到的数据传送给地面，实现地面控制人员对任务的实时了解。普通 UAS 大多采用定制视距数据链，而中高空、长航时 UAS 则都会采用"视距数据链"，甚至是"超视距卫通数据链"。

UAS 视距数据链，可以在无线电视距内完成对无人机及其任务荷载的遥控、遥测、跟踪定位和信息传输任务。现有的（如 LINK）和新型的（TTNT）数据链虽然功能强大，由于地球表面弯曲，使用视距方式进行无线电波数据传输的有效距离受到限制。若要进行超视距通信时，除采用较不可靠的 HF 波段利用电离层传播外，较好的方式是利用卫星作为通信中继站，实现信息超视距传送。无人机数据链未来向着高速、宽带、保密、抗干扰的方向发展。随着机载传感器、定位的精细程度和执行任务的复杂程度不断上升，对数据链的带宽提出了更强的要求，随着机载高速处理器的突飞猛进，预计几年后现有射频数据链的传输速率将翻倍，还可能出现激光通信等方式。网络化趋势是未来无人机发展的热点之一。网络中心战要求将军队的所有侦察探测系统、通信联络系统、指挥控制系统和武器系统，组成一个以计算机为中心的信息网络体系。如果充分发挥无人机数据链具有宽带高速的特点，可在无人机巡航期间，无人机平台成为网络中的一个节点，通过它连接到"全球信息栅格"的多个节点中去，充当网络路由器。

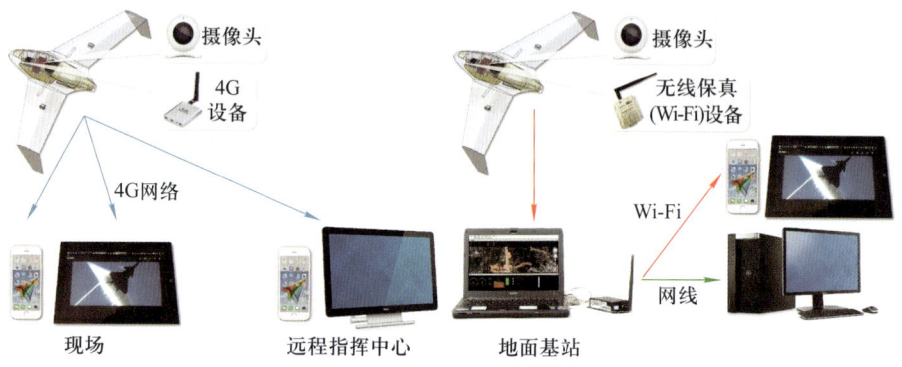

图 1-9　单机现场/远程传输方案（4G）　　图 1-10　单机现场传输方案（Wi-Fi）

1.4.5　任务载荷

无人机是一个平台，根据工作需要而搭载的设备称为任务荷载。民用无人机的任务载荷一般可分为图视频遥感荷载和非遥感的其他通信、载货等荷载。围绕应用的任务载荷，是无人机的最终设计目的。由于民用无人机自身偏小，有效载荷一般不大，因此要求这些设备更小、更轻，并尽量采用商用成品。图视频遥感的任务荷载包括光学照相机、高分辨率的多轴陀螺或云台稳定数字照相机（摄像机）、红外摄像机、多光谱成像仪、合成口径雷达、激光测距仪等。非遥感的荷载常见的有通信中继设备、植保药箱、小型货物、警报器等，甚至可以是武器装备，如机炮、导弹等。

1.4.6　无人机主要性能参数

无人机主要性能参数说明见表 1-2。

1.4 无人机系统的集成

表 1-2 无人机主要性能参数说明

性能参数	说明
重量	超微型无人机整装质量在 1.5 kg 以内，微型无人机在 7 kg 以内，轻型无人机在 116 kg 以内，小型无人机在 5 700 kg 以内，大型无人机在 5 700 kg 以上
外形规格	超微型多旋翼无人机，相邻轴距（拆卸螺旋桨后）约 20~35 cm，高度（厚度）约 15~20 cm，可以被轻松地装入双肩包，或装入约 20 cm×45 cm×45 cm 箱子； 微型多旋翼无人机，相邻轴距约 30~45 cm，高度约 25~30 cm，装箱大小约 35 cm×45 cm×50 cm； 轻小型固定翼无人机，可拆卸，装箱大小约 35 cm×45 cm×55 cm； 超微型、微型无人机拆装后都可以装箱作为随身行李携带登机。国内航班手提行李的规格一般不超过 20 cm×40 cm×55 cm，不同机型头顶行李舱深度在 55 cm 左右，高度在 35 cm 以内，长度余地稍大
飞行高度	高度越高，视野越大，但成像分辨率也越低。飞艇与热气球航拍的高度一般在 500~1500 m；有人直升机飞行高度 300 m 能看清路面交通情况；微轻型无人机最高高度在 500 m，已经与直升机相仿了
抗风能力	离地越高，风力越强。考虑阵风等最不利情况，一般超微型多旋翼无人机飞行高度在 50~70 m，不建议在超过 5 级风（10.7 m/s）的情况下作业；微型多旋翼无人机飞行高度在 150 m 以下；微型固定翼无人机飞行高度在 250 m 以下，不建议在超过 6 级风（13.8 m/s）的情况下作业
航线规划、自主飞行	预先设定作业区，计算机软件自主规划最合理的航线；现场根据实际情况进行优化，起飞后由飞控系统控制航线和摄影动作，避免人工操作的不精确甚至错误
一键返航	设定最终返航点，遇紧急情况可一键指令无人机自动返航
图传距离	视距内图传一般借助 Wi-Fi 在 2 km 以内，超视距图传 5~10 km，甚至借助网络、卫星通信等实现更远传输
续航时间	小微型多旋翼无人机一般是电动力，留空 15~35 min；电动小微型固定翼无人机在 60~120 min；燃油动力固定翼无人机时长 120 min 至更长
最大航速	小微型多旋翼无人机一般在 30 km/h；固定翼无人机多在 60~90 km/h
相机分辨率	主流设备的相机分辨率超过千万像素，如 4 608×2 592（16∶9），3 456×3 456（正方形）都约等于 1 200 万（1 194 万）像素
等距摄影	要取得各张数字像片基本相同的重叠率，飞行中需要按照相等的距离（等距）进行摄影，一般是以匀速飞行时相等的时长（等时）拍摄达到等距的效果

2 无人机系统的发展

2.1 无人机的起源

无人机进入民用领域是最近十年的事情。如何看待无人机的起源？虽然很多人认为一个完整的无人机出现才标志着此类飞机的诞生，但是，无人机并不是直接被发明出来的，之前很多的技术积累才有它起飞的那一天。因此，简述它的起源，也需要适当梳理其成茧、羽化的过程。实际上，这项技术的历史已经有一个多世纪的跨度，历经了两次世界大战的催化，甚至除了科学家，还跟肯尼迪、里根、玛丽莲·梦露等政治家、文艺明星拉上关系。

2.1.1 航拍的鼻祖

如果要说哪家公司开创了无人机航拍的先河，一定会众说纷纭。但是称航拍"无人机"的祖师爷是德国摄影师 Neubronner 和他的鸽子们，大家的看法应该一致，是他开启了人类航拍的思维先河。

100多年前，身为药剂师的德国摄影师 Neubronner 为了让病人更快地拿到药而训练鸽子当快递员。有一次，一只鸽子不知为何迟到了一个月才飞回来，Neubronner 很好奇地想看看鸽子到底飞过哪些地方，于是他开始将小摄像机套在鸽子身上以记录鸽子的飞行过程。严谨的德国人为这套鸽子便携摄像装置申请了专利。这些鸽子们还组成了像模像样的航拍团队。飞行中的"航拍"鸽不依据什么 GPS 地面站，没有装置智能避障、飞控开源等设备，它们不是人类发明的机械技术，不算历史上最早的"无人机"，但却开启了人类航拍的历史。今天人们仍可以看到"鸽子视角"的珍贵影像，回忆着无声的往昔岁月。

图 2-1　Neubronner 和他的航拍鸽子

2.1.2　无人机的基础研究和尝试

无人机是技术的集合体,最早期的无人机已包括机体、遥控、定位、运行等基本的技术构成。

1. 无人机的无线电技术基础

天才发明家尼古拉·特斯拉奠定了无人机的无线电技术基础。尼古拉·特斯拉(1856—1943)是世界上伟大的自然科学和社会科学家。1898 年,特斯拉在麦迪逊花园广场展示了无线控制技术。他很快就意识到这个发明具有潜在的军事用途,可以让人建造毁灭性的远程武器。

2. 无人机在第一次世界大战中诞生

英国工程师 Archibald Montgomery Low 首先将飞机与无线通信技术结合。第一次世界大战开始时,他接到建造远程飞行武器摧毁德国齐柏林飞艇(Zeppelin)的任务,并成功实现了利用无线电波进行操控的试验机,但最终没有达到量产。他的设计思路是无人机落地后爆炸与目标同归于尽,所以在概念上这种"会飞的炸弹"与现代火箭或巡航导弹更接近。但不管怎样,Low 的机器可以被视为战斗无人机的雏形。

被称为"现代导航技术之父"的 Elmer Sperry,十分热衷远程遥控甚至是无人驾驶。他意识到自动的无人驾驶需要有一套有效的稳定机制,于是开始进行陀螺仪的实验,1915 年的首次测试就显露出了成功的希望。Sperry 跟另一位工程师 Peter Cooper Hewitt 一起研发出了一款"航空鱼雷",这是一种装填满炸药的、小型无人驾驶飞机。这个机器带有一对机翼,通过弹射器发射。在精密气压计的辅助下,它可以爬升到规定的高度。到达目标高度后,机械计数器会计算航空鱼雷要飞多远才能到达目标;之后按照设

2.1 无人机的起源

计进行投弹或者冲向目标与其同归于尽。虽然"航空鱼雷"能够飞上天,但还有一个更复杂问题没有解决:机身的空气动力特性是不够的。但随着第一次世界大战的到来,Sperry 最终说服美国政府投入资金来开发一套可自动驾驶或通过无线电远程操控的系统。军方则看到了它在对重兵把守的潜艇基地(如德国黑尔格兰岛)发动猛烈袭击的潜力。虽然 Sperry 经过多年研究,项目到最后用光了所有经费也没有转化为完整的成果,但还是取得了部分成功。1918 年 3 月 6 日,一架无人机按照程序飞行了 3000 ft[①]后落入了水中,这是有记载的第一次无人机飞行。

美国空军也开始对无人机感兴趣。他们联系发明家 Charles Kettering 建造一架带战斗装置的有翼无人机,这就是"Kettering Bug"。跟 Sperry 的飞机类似,Kettering Bug 利用陀螺仪和简单的自动驾驶仪来控制飞机。项目还招聘了两位工程师 Elmer Sperry 和奥威尔·莱特(Orville Wright,现代飞机之父)。在克服了一系列问题后,终于可以将一批无人机送往前线时,第一次世界大战的停战协定已开始生效,无人机 Kettering Bug 最终一次行动都没能执行。

图 2-2 Kettering Bug 试飞

3. 无人机在第二次世界大战中实用

Reginald Denny 曾经是英国皇家飞行军团(The Royal Flying Corps)一员,也是一名狂热的飞机爱好者,随后对航模飞机产生了强烈的兴趣,他

---

① 1 ft=0.304 8 m,1 mile=1 609.344 m。

成立了自己的公司 Denny Radioplane Company，公司生产的高档航模飞机上装配有工程师 Walter Righter 设计的微型引擎。有一次 Denny 产生制造无线遥控航模用做防空训练靶机的想法，第二次世界大战开始后，他接到了大规模生产这种无人机的订单。通过弹射装置发射的这种无人机由操作员远程控制，然后遥控这些飞机进入防空炮的覆盖范围。当时他们有一项功能是全新的：他们给飞机配了降落伞，所以可以重新使用。出于这个原因，Denny 的遥控飞机 OQ2 是第一款大规模制造的符合现在定义的无人机，而当时其他的类似设备都是按照自毁方式设计的。1944 年，玛丽莲·梦露开始在 Denny 位于 Burbank 机场附近上班。作为指挥官，罗纳德·里根（后来的美国总统）派军方杂志的摄影师 Yank 去拍摄。这位摄影师发现了梦露，请她拿着无人机螺旋桨拍了一张照片。而这成为梦露演员生涯的第一站，很快她又成为更多广告的模特。

图 2-3　梦露与遥控飞机 OQ2

另一项无人机计划则始于对纳粹德国重大威胁的反击。1940 年代中期，德国制造出强大的超级火炮 Fleissiges Lieschen，或叫做 Busy Lizzie，想用每小时几百发的炮弹而不是轰炸机炸平英国首都。受到这种武器惨重的打击之后，盟军决心开展铁砧项目（Project Anvil）实现一项看起来似乎不可能完成的任务：对敌人发动自杀式攻击但不能损失飞行员。其想法是对 PB4Y-1"解放者"轰炸机和堡垒轰炸机进行改造，然后让伴飞的飞行员在另一架飞机上通过无线远程遥控旁边无人的飞机。这些无人机创新地安装有一台摄像机，实时将图像传送到伴飞飞机的操作员那里，引导找到德国的超级大炮基地，然后无人机在伴飞有人机的飞行员遥控操作下呼啸而下，

2.1 无人机的起源

顷刻间炸毁巨炮的藏身之地。

这种无人机最大的缺点就是不能自行起飞，需要飞行员坐在这些无人机里面把飞机开上天并保持航线，把无人机引导到目标方向，飞行员激活遥控系统后自己跳伞返回。轰炸 Mimoyecques 的行动中，约瑟夫·乔·肯尼迪（Joseph Joe Kennedy，美国总统约翰·F. 肯尼迪的哥哥）自告奋勇地参与这次针对德国超级火炮基地的无人机攻击行动。1944 年 8 月 12 日，肯尼迪与威利中尉登上了一架解放者无人机，在飞临英国海岸接近大炮基地后，威利开始装填炸药并激活了摄像机。一旦他的工作完成，两位飞行员就准备跳伞，而由伴飞的两架 PV-1 控制机（每架都装有一套无人机遥控装置以防设备失效）继续遥控最后的攻击。乔·肯尼迪把飞机拉到了 600 m 的高度，两人准备离机时无人机突然爆炸，乔·肯尼迪和他的战友一同遇难。据专家推断，这次爆炸很可能是因为摄像机部件发出的电脉冲触发了其中一个引爆装置的保险而引发的。后来铁砧项目被中止了。

美国的另一项无人机计划取得了成功。海军让州际飞机与工程公司（Interstate Aircraft and Engineering Corporation）造了一批攻击无人机。军方要求机身、机翼选材不能是金属而是硬化的木头，然后由沃立舍乐器公司（Wurlitzer Musical Instrument Company) 的专家进行压制。虽然用来制造无人机 Torpedo Drone TDR-1 的材料看起来很奇特，但它的内部机制却是当时最先进的，装配了无线电控制、摄像机以及雷达跟踪装置。部署到拉塞尔群岛后，这些无人机开始对日军的防空设施发动攻击。无人机先是由地面工作人员发射出去，然后再由伴飞的 TBM 轰炸机机舱内的飞行员进行控制，后者一边观察淡绿色的屏幕上无人机摄像机回传的图像，一边用控制杆来控制无人机。在蓝天下的无人机很容易就成为攻击目标，而且在单色屏幕里发现丛林中伪装的目标更是一件困难的事。尽管如此，TDR-1 的战绩还是相当令人满意，有 21 次直接命中目标。更重要的是，在这些攻击行动中美军没有伤亡。

4. 冷战期间军用无人机大规模应用

到 1960 年代早期，在几架 U2 和 B-47 有人侦察机被击落后，美国相应地大幅加快新型无人机的研发工作，而能够发现苏联核导弹基地的 Lightning Bug 无人机的出现让研发工作达到高潮。越南战争中无人机首次被大规模使用，平均每天都要执行一次任务。

5. 当代高技术集成无人机

20 世纪 70 年代作为军事技术研发出来的 GPS 使得无人机更加精确。在卫星中继站的帮助下，无人机可以飞越半个地球。高清摄像机和新的通信情报技术也提高了无人机的能力，使得它们能够精确地跟踪定位。正是

2 无人机系统的发展

由于在侦查方面低成本、控制灵活、持续时间长的优势，各国军队相继投入大量经费研发无人机系统。"二战"后无人机研发的中心在美国和以色列，用途延伸至战地侦察和情报搜集，无人机被派往朝鲜、越南、中东和海湾地区的战场直接参与作战。

军用无人机技术在20世纪末经历了三次发展浪潮，才真正进入了第一个黄金时代：

- 1990年后，全球共有30多个国家装备了师级（大型）战术无人机系统，代表机型有美国"猎人"、"先驱者"，以色列"侦察兵"、"先锋"等；
- 1993年后，中高空长航时军用无人机得到迅速发展，以美国"蒂尔"无人机发展计划为代表，在"波黑战争"中表现出强大的功能；
- 20世纪末，旅团级（中小型）固定翼和旋翼战术无人机系统出现，其体积小、价格低、机动性好，标志着无人机进入大规模应用时代。

现在的军用无人机可以窃听从手机通话到电子邮件的一切通信，并能执行猎杀行动。

在公众对远程控制无人机行动的伦理内涵进行质疑的时候，新的挑战又浮出了水面。随着技术的不断进步，无人机会变得越来越自主化，甚至连生杀的决定都有可能授权给机器人，这被联合国特别报告员谴责为"由算法决定生死"。如果无人机开发的终极成果是可以自主下达杀人命令的机器人无人机的话，那么无人机恐怕会成为恶意的恐怖武器。

2.2 无人机应用民用化发展过程

20世纪90年代中期以来，世界上以军事用途为中心的无人机技术进入发展的黄金时期。十余年后，民用无人机开始高速发展。

2.2.1 无人机应用民用化

由于军用无人机在复杂、脏乱、危险（Dull, Dirty, Dangerous，"3D"）环境中执行任务的显著优势以及灵活机动的特性，进一步发展必然向民用行业寻求市场。20世纪80年代以来，随着计算机、通信技术的迅速发展以及各种数字化、重量轻、体积小、探测精度高的新型传感器的不断面世，无人机的性能不断提高，应用范围和应用领域迅速拓展。世界范围内，各种用途、各种性能指标的无人机的类型已达数百种之多。

日本的民用无人机开发较早。1983年雅马哈公司采用摩托车发动机，开发了一种用于喷洒农药的无人直升机，1989年其成为实际首架成功用于试飞的无人直升机；2003年开始岐阜工业协会先后开发了4代无人机产品，主要应用于森林防火、地震灾害评估等领域。

2003年美国NASA牵头成立世界级无人机应用中心，专门研究装有高分辨率相机传感器无人机的商业应用。近年来美国国家海洋和大气管理局用无人机追踪热带风暴有关数据，借此完善飓风预警模型。2007年森林大火肆虐时，美国宇航局使用无人机来评估大火的严重程度，以及估算灾害的损失。

欧洲在2006年制定并实施"民用无人机发展路线图"，之后欧盟拟建立一个泛欧民用无人机协调组织，为解决最关键的空中安全和适航问题提供帮助。

以色列专门组建了民用无人机及其工作模式的试验委员会，2008年给予"苍鹭"无人机非军事任务执行证书，并与有关部门合作展开多种民用任务的试验飞行。

无人机在我国起步早，近年发展较快：中国在20世纪80年代，就将自行开发的无人机（脱胎于军用机型）在地图测绘和地质勘探中进行了尝试。近两年消费端航拍、娱乐等市场，受益于无人机各方面技术的成熟和成本的大幅下降，可谓是爆发式发展。深圳市大疆创新科技有限公司成立于2006年，2010年仅数百万元收入，2012年推出世界上第一台消费级无人机，2013年创收高达8亿元，2015年收入近30亿元。

2.2.2 无人机产业链日趋成熟

近十年民用和消费级无人机市场的兴起，和硬件产业链的成熟、成本曲线不断下降密不可分：随着移动终端的兴起，芯片、电池、惯性传感器、通信芯片等产业链迅速成熟，成本下降，使智能化进程得以迅速向更加小型化、低功耗的设备迈进。这也给无人机整体硬件的迅速创新和成本下降创造了良好条件。

- 智能化：自主飞控技术、急剧攀升的计算机处理能力推动无人机向智能化发展，真正成为"会思考"的空中机器人。
- 高性能FPGA芯片：可以在无人机上实现双CPU的功能，以满足导航传感器的信息融合，实现无人飞行器的最优控制。
- 数据传输：高速宽带网数据链实现无人机组网和互相连通，无人机编组、空地装备联合成为可能；Wi-Fi等通信芯片用于控制和传输图像信息，通信传输速度和质量已经可以充分满足上千米的传输需求。
- 更轻的材料和传感器：材料科学和微机电技术进一步减轻无人机平台重量、提高精确度；伴随着苹果公司在iPhone上大量应用加速计、陀螺仪、地磁传感器等，MEMS惯性传感器从2011年开始大规模兴起，六轴、九轴的惯性传感器也逐渐取代了单个传感器，成本和功耗进一步降低，成本仅在几美元。另外，GPS 芯片仅重 0.3 g，价格不到 5 美元。

● 更强的续航能力：电池能量密度不断增加，电池续航能力的大幅上升，使得无人机在保持较轻的重量下，续航时间尽量延长；太阳能电池技术可望使高海拔无人机应用持续飞行一周或更长时间。

● 相机等设备性能提升：近年来移动终端同样促进了锂电池、高像素摄像头性能的急剧提升和成本下降；多镜头相机、红外相机等适用于不同的场合。

如果说硬件成本下降解决了无人机"身体"的问题，近年来飞控系统开源化的趋势解决了无人机"大脑"的问题，从此无人机不再是军、科机构的专利，越来越多的商业企业和发烧友都加入了无人机系统设计中。德国 MK 公司是多旋翼无人机系统开源的鼻祖，2011 年美国 APM 公司开放无人机设计平台彻底点燃了市场对无人机系统开发的热情，2012 年以后民用和消费无人机进入了加速上行的通道。至今，国际无人机行业已经形成了 APM（用户最多）、MK（最早的开源系统）、Paparazzi（稳定性高、扩展性强）、PX4 和 MWC（兼容性强）等五大无人机开源平台。

以 PPZ（Paparazzi）为例，始于 2003 年的 PPZ 是一个软硬件全开源的系统，至今已经形成了不仅覆盖传感器、GPS、自动驾驶软件，同时覆盖地面设备的全套成熟解决方案，既可以驱动固定翼飞机、也可以驱动旋翼机，并且可以通过地面控制软件实时监控飞机飞行的卫星地图。可以说，强大的开源飞控系统已经使得无人机全面进入"用户友好"时代。

2014 年 10 月，著名计算机开源系统 Linux 基金会推出了名为"Dronecode"的无人机开源系统合作项目，将 3D Robotics、英特尔、高通、百度等科技巨头纳入项目组，旨在为无人机开发者提供所需要的资源、工具和技术支持，加快无人机和机器人领域的发展。根据 Teal 航空市场调研公司的报告，Dronecode 项目的开发界面囊括了无人越野车、无人固定翼飞机、无人直升机和各种多轴旋翼无人机等，吸收了 APM、PX4 等多个平台，进一步推动了系统开发的可视化和友好化。

3 无人机相关法规和管理政策

无人机应用被形容为"空中的产业革命",是科技影响人类的又一事例。随着人们不断创新无人机的运用领域,无人机的商业市场在全球高速增长。如同很多新事物一样,无人机系统也是一柄双刃剑,在发展中为生产和生活带来便利,也出现了威胁航空、行政、国家安全、公共秩序等方面的问题,甚至存在恐怖活动的隐患。实际上,缺乏约束的无人机将成为一个麻烦制造者。据有关统计,2015年全世界无人机爱好者拥有70万架无人机。当今世界很多国家对于无人机的使用,都存在着难以权衡利弊、决定取舍的纠结心态。制定法规和加强管理将引导无人机健康、协调地发展。

3.1 无人机系统不当使用的事故和威胁

3.1.1 对机场等空域其他飞行器的安全威胁

随着民用无人机快速"飞"入民间,2015年是一个多事之秋,这一年无人机"黑飞"频繁干扰空防、空管秩序。"至今没有真正撞机的现实案例"的话音未落,英国2016年4月17日就几乎发生了世界第一例无人机和民航飞机相撞的事故。更多次擦肩而过的严重隐患,越来越让全世界航空业感到不寒而栗。

美国航空安全的研究者定量地研究了无人机危险行为的现状。美国巴德学院无人机研究中心2015年发布了一项报告,该报告基于政府从2013年12月17日—2015年9月12日期间,对921起无人机与飞机相遇事件进行的详细记录。研究显示，这一期间美国境内并无确切消息证实无人机与飞机发生过碰撞。同时至少发生了241起无人机和飞机空中"亲密接触"事件，符合政府定义的"空中危险接近"标准。其中有28起事件发生时，飞机驾驶员不得不机动避让。另外有90起近距离接触事件涉及民航，且多数客机的载客在50人以上。据美国联邦航空局给出的定义，两架飞机之间飞行距离在500 ft（约152 m）时，则视为空中危险接近。而根据巴德学院的报告，在51起近距离接触中，无人机与飞机间的最短距离仅为50 ft（约15 m），甚至更近。当飞机高速行驶时，驾驶员很难判断机身与其他飞行物之间的距离。我国学者收集的资料显示，在2014年，美国境内的飞行员目睹无人驾驶的飞行器共有238起，而2015年截至8月9日就已超过了650起。甚至在一万英尺的高空中都能看到无人机的踪影。

一旦无人机像鸟类一样被卷进飞机引擎、击碎飞机挡风玻璃或者对机身造成破坏，就将导致飞机失事。另外，大型直升机螺旋桨极易受到破坏。报告中，38起空中危险接近事件涉及直升机。该报告还提到，飞机引擎制造商通过高速发射死鸟来测试引擎抵抗鸟类撞击的能力，联邦航空局也计划研究采用此方法对无人机进行测试。

【事件1】 2016年4月17日，英国航空一架空客A320客机在伦敦希思罗机场降落前几分钟，机身前部遭到无人机撞击。幸运的是，客机最终安全降落，这架客机上载有137人。机场联合航空公司和航空警察对此事故进行全面调查。就当时的检查结果看，飞机当时并未遭受太大损伤，可以继续执飞下一个航班。本次事件若经调查后属实，将成为第一起民航客机与无人机相撞事件。英国航空公司飞行员协会（BALPA）于2016年初公布的报告称，2015年英国有4架无人机差点与商用飞机碰撞。这些事故都属于"A"类，意味着存在严重的碰撞风险。该协会认为应该使用雷达探测技术提前发现这些无人机的存在，并指出无人机不应进入机场附近的范围内。

【事件2】 2016年5月28日18：20分，成都机场空管局塔台在雷达上发现东跑道附近的龙泉区柏阖寺上空有无人机在活动，高度恰与航班飞行高度一致。为安全起见，塔台随即作出关闭东跑道的决定。导致成都机场东跑道停航关闭1小时20分，直接造成55个航班不能正常起降，其中，进港26个、出港29个，这是成都机场首次发生因无人机影响航班正常起降的事件。

【事件3】 2015年4月13日，北京市平谷区人民法院判决了一起无人机"黑飞"案。此案的被告人于2013年12月29日在平谷区某公路上，操纵燃油助力无人机进行地貌拍摄。涉案无人机在飞行时，被北京军区空军雷达监测发现，空军出动直升机将其迫降，事件造成多架次民航飞机避让、延误。法院一审认定，郝某等三人违反民用航空管理法规，在未经有关部

3.1 无人机系统不当使用的事故和威胁

门许可且未取得无人机驾驶员资质的情况下,擅自操纵无人机进入首都空中管制区,造成严重后果,已构成"过失以危险方法危害公共安全罪",法院分别判处三名涉案人员有期徒刑1年6个月,缓刑2年。

【事件4】 2015年秋战机闹市上空险撞无人机,最近仅距百米。一架多旋翼无人机正在我国某城市上空数百米悬停拍摄,画面右侧突然高速飞入一架已经放下前三点式起落架的双座喷气式飞机,疑似正在进入近着陆阶段。画面中喷气式飞机距离正在拍摄的多旋翼无人机最近处仅数百米,两机高度基本一致。随后该飞机瞬间通过画面中央,几秒后渐渐消失在画面左侧。在画面正下方,城市中遍布各类高楼大厦,街道、民用建筑物、车辆鳞次栉比,让不少看过该视频的网友惊出一身冷汗。

图3-1 高空无人机拍摄的军机

【事件5】 2015年11月17日下午,空军驻河北涿州某部直升机训练飞行时,在机场以西15 km处,发现1架低空飞行的无人机,经空军相关部门研判为"黑飞"后,迅速将这架无人机迫降。涉事人员交警方处理。

【事件6】 2015年5月,新疆维吾尔自治区某单位在未办理空域和任务审批手续,也未申报飞行计划的情况下,使用无人机在尉犁县附近进行航空摄影测量活动。空军某部雷达监测发现不明空情后,为确保空中其他飞行器安全,组织相关航空器进行了避让调配等多项应急处置措施。事后民航新疆管理局协调自治区公安部门联合赴该地区进行调查,2015年10月新疆维吾尔自治区首次开出针对无人机违规飞行的2万元罚单。

【事件7】 2015年6月一架从休斯敦飞往达拉斯的波音737飞机,在起飞时飞行员发现客机的左翼几百英尺的范围内出现一架无人飞机。因为这起突发事件,迫使当局出动地勤人员与直升机,试图找出这架无人飞机降落地点，不过迄今仍没下文。

【事件 8】 2015 年 7 月 31 日纽约肯尼迪国际机场，达美航空公司 MD88 客机搭载了 5 名机组人员和 154 名乘客准备降落，飞行员突然发现其右侧机翼西南方向有一架无人机并报告了指挥中心。随后，指挥中心提醒了进场的下一架飞机。

仅 8 月的一周，就有 3 个报告指出肯尼迪国际机场附近有无人驾驶机。

【事件 9】 2015 年早些时候，一架无人机在纽约布鲁克林上空大约 2700 ft 的高空飞行，迫使一架在拉瓜迪亚机场飞行的客机爬升 200 ft 以便躲闪。

【事件 10】 2015 年 8 月 9 日美国最繁忙机场之一的新泽西州纽瓦克国际机场收到 4 个航班的飞行员报告称，在降落时看到机场附近出现无人机。据称无人机距离地面 2000~3000 ft，距离机场 8~13 mile。美国联邦航空局表示，没有航班受无人机影响必须采取规避行动，所有航班都安全着陆。

【事件 11】 2016 年 2 月 19 日在法国巴黎戴高乐机场，法国航空的一架空客 A320 客机着落过程中，在大约 1700 m 高空，飞机副驾驶突然发现了一架无人飞机。副驾驶员紧急转换为人工驾驶模式，成功规避。距离最近时，这架无人机和空客飞机左翼只有 5 m 的距离（无人机在左翼下方），让人惊出一身冷汗。

【事件 12】 2015 年 7 月 20 日下午波兰华沙，德国汉莎航空公司一架客机飞到距华沙约 5 km 的一个小镇时，一架无人机突然飞过，两者最近距离仅 100 m。空管方面临时关闭事发空域，要求超过 20 架准备降落的飞机改变航线。

【事件 13】 同日，英国伦敦一架无人机在希思罗机场上空被发现，而其距离一架正准备着陆的空客 A320 客机的机翼仅仅 6 m。这也成为近一年中，英国第 7 起有记录的在机场附近无人机险与客机相撞的严重事件。

【事件 14】 2015 年 9 月新西兰航空的一位飞行员表示，差点与一架无人机发生撞机事故。飞行员工会表示希望能进一步规定无人机上应配有预防撞机的感应器和相关的识别标志。

【事件 15】 2015 年 10 月 28 日，新德里英迪拉·甘地国际机场的空中交管人员看到一架"不明飞行物体"疑似无人机穿越跑道，立刻通知安全部队，但这时无人机已不见踪影。根据报告，这架无人机是在某一航班起飞时首次被发现，但安全机构对谁操纵这架无人机、出于什么目的都一无所知。

3.1.2 对正常社会秩序和个人隐私的威胁

1. 威胁正常社会秩序

在婚礼、大型露天演出、体育比赛等活动中使用无人机,确实能够多角度拍摄到许多刻骨铭心的照片。但是,在人群上方的无人机一旦失控极有可能造成严重后果。

【事件 16】 在 2016 年 8 月 6 日的巴西里约奥运会开幕式上,据报道至少有 3 架无人机出现在马拉卡纳球场的上空。在为在场的人群和运动员安全、欢乐感到庆幸的同时,安保人员也为无人机因操作失误而高空坠落、甚至是被恐怖分子操纵而一直担心。

【事件 17】 2015 年 11 月,一架无人机坠落在武汉著名景点黄鹤楼楼顶,景区内游客众多,险些酿成伤人事故。

【事件 18】 2015 年夏天,一个 2 lb[①] 的无人机失控撞向西雅图某游行队伍,砸中一名女性并导致其昏迷。在阿尔布开克市,无人机在一次户外节庆中伤到了一位路人。

【事件 19】 2015 年 9 月,日本一架无人机撞上世界文化遗产姬路城(Himeji-jo,也称白鹭城)的城楼,导致城楼受到损伤。

2. 威胁工作生产秩序

【事件 20】2015 年 3 月 16 日某影视制作公司在一工业园区进行航拍时,因信号受到干扰,无人机升空盘旋后突然失控,撞上附近的 1 万伏双层高压线,卡在中间无法移动。所幸电力部门及时出动,排除险情,否则极有可能造成工业园区大面积停电。

【事件 21】 2015 年 6 月两位南京市民在地铁中国药科大学站附近使用小型无人机航拍。但因操作失误,无人机坠入了地铁高架轨行区。车站控制室立即调度,行驶中的列车紧急制动。这次事故造成下行车辆晚点,万幸没有造成机、车相撞的更严重后果。根据《南京市轨道交通条例》第 37 条规定,他们的行为已经涉嫌影响地铁运营安全。目前此事正在进一步调查处理中,警方将依法对当事人进行处罚。

【事件 22】 2016 年 3 月,运维人员在皋兰县九合镇巡视输电线路时发现,110 kV 柴尹二线 45#塔至 46#塔的避雷线上悬挂着一架六旋翼无人机,直接影响到电力线路安全。在对无人机拆除过程中,导致了柴家峡电厂停电 4 个多小时,损失巨大。

【事件 23】 在很多应急危险环境中,总会有无人机为了拍摄而冲在前面,或是不当停留而阻碍了救援工作。2015 年 7 月 17 日,美国加州圣贝纳

---

① 1 lb=0.453 592 37 kg。

迪诺消防部门在执行一次灭火任务时，在危险空域遭遇了5架相互追逐的无人机，导致消防直升机无法正常作业并被迫提前返航。这次意外至少造成了灭火工作延误20分钟。而就在6月，加州另一场火灾中，同样也出现了来自无人机的干扰，那场大火的过火面积达到3500 acre①，烧毁了5所房屋和20辆汽车。

3. 泄露个人和企业隐私

对于普通大众来说，无人机偷拍、骚扰所带来的潜在隐私泄露问题同样不容忽视。在人们的日常生活活动中，无人机飞越房屋、农场和商业场所，这实质上使得它们把人们带入了一个"监视社会"，每一个人都被跟踪、监视和审查。

航拍"偷窥"侵犯隐私权。2015年夏天的一个下午，美国肯塔基州的一名男子William H. Merideth的女儿躺在后院的泳池里，发现有一架无人机在上空盘旋。他的女儿说，配有摄像头的无人机让人感到讨厌和怪异，她表示自家后院应该有隐私。Merideth在自家后院上空用枪击落了这架配有摄像头的无人机。后来Merideth遭到了警方的逮捕，被控一级刑事破坏罪和一级肆意危害罪。警方表示在市里是不允许开枪的。Merideth表示将对无人机主采取法律行动。他说：他不知道无人机的主人是在看女孩，还是在寻找可偷窃的东西，二者对他而言都是非法侵入。

3.1.3 对政府机关、军事基地、国家安全的威胁

军事基地总是担心被图谋不轨的人偷拍或者偷录。无人机若是飞经军事基地会被击落，还会面临更多的麻烦。同样，各国的政府机关附近也不可能容许随意放飞无人机。

1. 无人机连续入侵多国首脑官邸

2015年北京有无人机飞入中南海，而韩国青瓦台、法国爱丽舍宫、日本首相官邸等也陆续被无人机"入侵"。2015年5月14日负责白宫安全的美国特勤人员发现一名男子在与白宫北侧草坪仅一街之隔的拉法叶公园操控无人机飞行，这名男子被马上逮捕。事发时总统奥巴马不在白宫。据通报，虽然这架无人机没有越过北侧草坪飞入白宫，出于安全考虑，白宫仍一度被封锁。2015年4月15日，一架旋翼直升机突降美国国会大厦西侧草坪，驾驶无人机的佛罗里达州邮递员被逮捕，他声称此举意在呼吁美国尽快进行金融改革。白宫和国会2016年以来连续被无人机惊扰，1月26日凌晨，一位美国联邦政府雇员违规在白宫附近操控一架小型无人机，无人机失控

---

① 1 acre=4 046.856 m²。

3.1 无人机系统不当使用的事故和威胁

后飞入白宫坠毁。

2. 航拍有可能泄露国家机密

2009年3月广西壮族自治区北海市龙潭边防派出所接到报警,民警在现场发现一位村民的房顶有一架大概有两米长、一米多宽的无人机。警方协调测绘部门对实施飞行的公司进行了调查。调查人员查获了大量航空测绘照片,其中有许多都是当地一些重要的军事、经济目标。这个公司无测绘资质,计划将国境线我方境内5 km范围全部进行测绘。这种小型无人机非常灵活,用来做局部地区测量的话,可以做出很精细的地形图和数字地表模型,既可以用于民用经济建设,也可以用于军事,比方说精确打击,一旦为国外反华势力所用就会对国家安全产生极大的威胁。目前,这家公司因为非法从事航空测绘已经受到法律的惩处。

2015年7月31日美国国土安全部在情况通报会中表示,自2012年以来已有超过500起无人机在军事基地或是核电厂上方盘旋的事件发生。

2015年7月23日,印度孟买警方宣布逮捕了一名房地产网站员工,该员工被指涉嫌使用无人机航拍印度高度敏感的原子能研究中心。

3.1.4 无人机蓄意犯罪及恐怖主义威胁

小型无人机可结合相对成熟的小型APP手机平台遥控,重量仅有几千克,结构简单、造价低廉,非金属材料制造,体积小、飞得低,在高楼林立的城市,很难在雷达屏幕上准确分辨。去年闯入韩国多地的小型无人机,就曾被韩军TPS-830K低空雷达识别为鸟群。考虑到无人机技术不断进步,载具武器小型化的现实,如何防止小型无人机成为恐怖主义分子的工具,已经是摆在各国政府面前的严峻课题。

美国国土安全部2015年7月31日向全美国的警察机构发布公告,对无人机可能构成的威胁进行评估。公告说,不法分子可能在美国境内利用无人机系统为非作歹。有执法机关知情人士表示:敌方对无人机系统的应用正在露出苗头,带来检测和干扰等方面的挑战。公告还指出:随着无人机系统的娱乐性、商业性用途越来越广泛,美国空管系统内涉及无人机系统的事件也会越来越多。虽然大多数事件本身并没有恶意,但是它们暴露了潜在的安全漏洞……可能会被敌对势力用来抗衡美国,作为袭击的一部分。美国思想库机构"新美国安全中心"发布的一份报告显示,目前世界上有超过90个国家和非政府组织正在使用无人机,其中多数型号能携带武器,"某些国家正在研发的先进无人机已对美国构成严重威胁。"美国"联合防空和导弹防御组织"评估部负责人戴维德·佐克认为,微型无人机技术的扩散非常迅速,不少国家、组织甚至个人都能轻易获得,它们虽然"体型"

较小，但能携带威力足够强大的爆炸物或有害物质。而且，微型无人机的飞行高度极低，雷达难以捕捉它的踪迹。因此，微型无人机的威胁最大。

【事件24】 2015年4月22日，一名日本男子因不满安倍政权重启核电的政策，故意遥控小型无人机降落在首相官邸的屋顶，上面装有摄像头和发音筒，甚至携带了一个贴有放射性警告标志的塑料瓶，内盛含少量放射性物质铯的液体，此举在相当长的一段时间内竟然没有被任何人发现。同一天，日本某电视台一架摄像用无人机，降落到英国驻日本大使馆院内，差点造成外交纠纷。

【事件25】 美国一位康涅狄格州的男子公布了一段在无人机上安装手枪并实现远程控制射击的视频，该行为并未被判违法。

【事件26】 2015年9月，美国马里兰州三名男子被指控企图使用无人机将毒品和色情影碟送到监狱中，其中一名还是被判处无期徒刑的谋杀犯。警方逮捕了两名把车停在靠近马里兰州坎伯兰惩教院附近的公路上的男子，当场搜获了色情影碟、烟草、一把上了膛的手枪、违法毒品以及一架无人飞机。同年8月份，一架无人机在俄亥俄州一所监狱的自由活动场地抛下一个袋子，里面装有海洛因、大麻和烟草，这一举动引起了犯人们间的抢夺。在2014年，就曾有一架无人飞机试图往美国南卡罗来纳州一所监狱偷运手机、大麻和烟草，但在墙外就被击落了。

【事件27】 2015年3月，一架试图向英国贝德福德皇家监狱运送毒品、手机和武器的无人机由于远程操纵失控，撞到了监狱高墙上。这被认为是同类事件的首次事故。2015年11月6日，一架为英国曼彻斯特皇家监狱中罪犯运送毒品和手机等违禁品的四轴无人机由于操控者远程操纵失控，在监狱内的运动场撞毁。所有违禁品都被缴获并移交给警方调查。通过无人机将手机和毒品运进斯特兰奇韦斯监狱也十分常见，这种现象竟长达一年之久。有人在监狱外的货车上操控带摄像头的无人机，无人机越过高墙，监狱里的人爬到高墙上打开窗户将无人机拿进去。撕开包装袋，取出毒品、手机、充电器等，然后将无人机发送离开，整个过程30秒钟就完成了。

3.1.5 安全漏洞：无人机摄像头可能被"劫持"

上海科技大学信息科学与技术学院的师生，向记者演示了攻击和操控无人机的过程。首先是被动攻击，这种攻击就好比偷听偷看。无人机通过无线网络向手机传视频，由于该网络没有被加密保护，黑客能够通过窃听网络获得无人机发回的视频。接下来的主动攻击中，实验者演示了如何控制摄像头。在黑客的操作下，无人机摄像头上下挪动了起来，随之显示器的画面也随之变化。攻击者还可以打开或关闭摄像头，窃取无人机上存储的图像，或者删除无人机上的所有数据，甚至是劫持无人机，让它飞到任意的地方或坠毁。第三种演示则是攻击者向手机发虚假视频,欺骗用户,制造无人机正常工作的假象。实验者把事先录制的校园视频插入,记者的手机上就显示了这段视频。无人机的漏洞是非拥有者也能获得控制权,而这是把双刃剑,可以被正面或负面地利用。

3.2 无人机相关法规标准的体系框架

面对频发的安全事故和更多的隐患,面对快速发展的无人机产业,近期各国政府开始出台各种政策、法规和标准来规范无人机的使用,填补监管层面的空白。在世界范围内,西方发达国家的民用无人机应用稍早于我国,催生了法规和管理制度的生成。我国无人机应用发展迅速,相关法规和管理规定、技术保障措施正在不断完善。

无人机相关法规和管理政策,主要是针对无人机产品认证标准、空域管理、使用安全、驾驶员培训等,同时也包括无人机企业经营管理要求,以及利用无人机生产的图视频、测绘产品等的法规和管理政策。我国针对无人机已经出台了空域申报、轻小无人机运行规定、驾驶员管理等相关管理规定,但在无人机的产品认证、销售、流转等方面尚缺乏制度性文件。法律法规的制定还只是规范小型无人机使用的层面,同时还必须全面提高使用者的安全意识,才有可能灵活广泛地发挥出无人机的最大效用。一旦在世界范围内法规、标准等问题得到解决,人类利用无人机在空域中自由飞翔的空间将被彻底打开。

3.3 国外无人机相关法规和管理政策

最初的空中交通管制,是各地参考道路法律而建的。最早使用民航空管体制的机场,是伦敦克莱伊顿机场,时间为1921年;世界上第一部空管法律,是美国1926年颁布的航空法典。至今传统航空领域的飞行器适航认证、驾驶员、地勤等各类专业人员的认证、机场、空域管理等,已经有了完整的法规与技术体系。

3.3.1 英国

英国是制定无人机法规的先行者。在无人机广泛应用之前,英国民航局(Civil Aviation Authority,CAA)在2001年出台了第一版《CAP 722 英

3 无人机相关法规和管理政策

国空域无人机系统运行指南》(以下简称《指南》),强调了操作无人机前需要注意的适航性、操作标准和安全等方面的要求。现在《指南》中所有关于无人机的法规都收入了《空中领航:法令与法规》。最新的第六版发布于 2015 年 3 月,对民用无人机实施较大程度的开放政策。整机重量在 20~150 kg 的无人机需要具有英国法律下的适航性资质,而整机重量 20 kg 以下的无人机不需要遵从很多主要政策要求;飞行器在半径 500 m 和低于 400 ft 的范围或者在隔离的飞行区域内,并且无人机和该飞行有一定的适航性保证,英国民航局可以豁免适航性认证;CAA 也会在自己调查和被推荐的基础上颁发豁免权。同时《空中领航:法令与法规》第 98 条中也设立了一些条件,如禁止在管制区域或者飞机场附近飞行、禁止在没有 CAA 特别许可的情况下超过最大高度 400 ft 的高空作业,载有摄像头的无人机不能在距离人、车辆或建筑物 50 m 以内的地方飞行,在大规模人群集会场所规范的安全距离是 150 m 等;操控无人机并不需要认证飞行员执照,但是英国民航局要求所有潜在无人机操控者都掌握飞行资质。飞行资质是通过完成指定课程获得的,有四家认证机构运营着培训与考试。相关的法规还有:《飞行许可条例》(CAP 733 Permit to Fly Aircraft)、《空中导航法令》(The Air Navigation Order)、《航空飞行法条例》(The Rules of the Air Regulation)、《空中领航:法令与法规》(CAP 393 Air Navigation: the Order and the Regulations)等。同时,英国民航局警告称,在英国机场起飞和降落的无人机一旦被发现干扰客机飞行,其操控者属于刑事犯罪,将会面临指控和监禁。

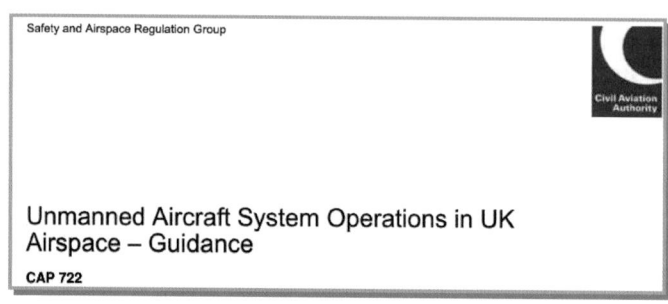

图 3-2 英国空域无人机系统运行指南封面

3.3.2 欧盟

欧洲航空安全局(European Aviation Safety Agency,EASA)负责欧盟成员民用航空安全领域的监管和协调。

2015 年 3 月,欧洲航空安全局颁布了无人机监管的最新政策《无人机运营规则》。该文件提出了将无人机融入现行民用航空空域的方式,提出

3.3 国外无人机相关法规和管理政策

的无人机监管政策是一项基于风险、针对无人机进行分类管理的政策，无人机运营的风险级别越高，监管政策越严格，对无人机设计与运营的要求也就越高。EASA 采取该方法的目的是"在保障安全上不留余地；在保障行业发展上，尽量提供足够的政策灵活性"。具体来说，这项政策有以下值得留意的细则。

图 3-3 欧洲航空安全局徽标

1. 无人机分类管理政策

EASA《无人机运营规则》提出，无人机运营应针对与具体运营类别相关联的风险情况进行合理的监管。考虑到无人机运营领域和无人机在设计上的多元化，EASA 建议建立三类运营类型并配套监管政策，包括开放类、特许运营类和审定类。

（1）开放类

开放类是风险非常低的无人机运营类型，因此无须航空监管部门的参与，即使是商业运行的无人机也不需要航空监管部门管理。对于此类运行的无人机来说，不必进行适航审定，也没有针对运营商和飞行员的资质要求，但无人机与载人航空器的使用空域需要进行隔离。此类无人机的活动定义为目视飞行（VLOS）：500 m 之内，基本在直接目视范围内；不在超过海拔 150 m 以上的地面或水面飞行；在指定的管制区域之外飞行（机场、环保、安全等方面的要求）；最大起飞重量小于 25 kg；与地面上的人员保持安全距离并与其他空域使用者相互隔离的小型无人机的运营活动。在"开放"类无人机中建立子类，CAT A0 为"玩具"和"迷你无人机"，最大起飞重量 <1 kg；CAT A1 为"非常小的无人机"，最大起飞重量 <4 kg；CAT A2 为"小型无人机"，最大起飞重量 <25 kg。

EASA 认为，开放类无人机的运营可由警方监管，类似于警方对汽车的监管，不需通过民航局方的授权，只要对这类运营建立相应的限制条件即可实现安全管理。

（2）特许运营类

特许运营类的无人机运营不能完全满足开放类的要求，具有一定的风险，需要通过额外的限制或通过对设备和人员能力提出更高要求来降低风险。对于特许运营类来说，运营人应进行安全风险评估，确定风险控制措施，并由局方进行审查和批准。特许运营类的运营方需要获得 EASA 或相应组织的运营许可，运营方需要明确运营的条件和限制。对于安全风险评估来说，需要解决的问题包括：适航性、操作程序与环境、人员与组织能力、空域等问题。安全风险评估的结果与运营环境和操作程序密切相关，例如，在人群附近的无人机运营可以通过一些附加功能来实现，包括链路丢失程序、坠撞能量限制功能等。对于无人机的适航性来说，可通过对特定标准的符合性来说明，通过一系列的风险控制措施来降低风险，例如，明确限制条件、明确无人机飞行员的资质等。无人机的操作程序应在无人机的操作手册中明确，此外，操作员的能力、人员的资质等几个方面的要求也应在操作手册中明确。

（3）审定类

如果无人机运营的风险上升到类似于正常载人航空器运营的风险水平，将被归类在审定类。这些运营活动中涉及的无人机与当前的有人机适航审定政策是基本一致的，需要取得多个证书。

值得注意的是，特许运营类与审定类之间需要建立一个清晰的界限。EASA 还在进一步研究两类别的界定条件，从目前来看，EASA 倾向于利用动能、运营类别、无人机的复杂程度、自主程度等条件来明确两者的区别。

审定类无人机的飞行员、维修、空域的管理比其他类别更加严格。例如，在无人机的型号合格审定过程中包含了噪声审定；设计单位和制造厂商的能力评估也会采取 EASA 的设计组织批准（DOA）和生产组织批准（POA）的形式。

今后 EASA 也将建立不同的合格审定标准（CS）来涵盖不同的无人机类型，包括固定翼、旋翼、飞艇和动力滑翔机等。CS 中也将包括地面控制站和指挥与控制（C2）的要求。对于具备 C2 和感知与规避（D&A）功能的系统，能够独立审定，因为相同的 C2 或 D&A 系统经过调整后可以安装在不同型号的无人机上，EASA 也会建立相应的标准。

2. 欧盟无人机监管政策的特点

欧盟普遍用《EASA 法规和实施条例》（The EASA Regulation and Implementing Rules）管理飞行活动。欧盟一直非常重视无人机产业，欧洲法规 2008 第 216 号监管着所有整机重量超过 150 kg 的无人机。无人机的设计和生产也必须和常规飞机一样遵循相关的认证规范（该规范由 Euro USC 公司主导，该公司获得民航局的授权实施轻型无人机计划 Euro USC：Light UAS Scheme），并且必须获得适航认证或准飞许可。

2014 年 4 月 8 日的布鲁塞尔会议上，欧洲议会发布了 COM（2014）207 Final《可持续和安全的开放民用无人机系统市场》（A New Era for Aviation：Opening the Aviation Market to the Civil Use of Remotely Piloted

3.3 国外无人机相关法规和管理政策

Aircraft Systems in A Safe and Sustainable Manner)。该文件显示了欧洲议会对无人机市场发展的积极态度,而与美国 FAA 的政策相比,EASA 颁布的无人机运营监管政策更为明晰,分类管理的方式也为日后欧洲无人机产业在精确农业等风险较低领域的应用提供了更多的可能。

2015 年 7 月 22 日,欧洲航空安全局透露,已经开始着手规划无人机的使用规范,以安全、隐私为基本原则进行相关规范。尽管欧盟不少成员国已经针对无人机进行管制,但由于各国规范不同,缺乏完整的监督框架,因此欧洲航空安全局决定提出统一的无人机管制办法,预计最快 2016 年就能实施。

3.3.3 美国

1. 逐步完善批准程序与法规

美国一直实行比其他国家更加严苛的无人机使用规定,2007 年开始,美国联邦航空管理局(The Federal Aviation Administration,FAA)认定商业无人机非法,禁止商业无人机的使用。多年来在无人机不断发展的形势下,批准程序与相关法规有了很大的进步。

表 3-1 美国 2014—2015 年无人机相关管理文件

时间	相关管理文件
2014-02-06	FAA to Consider Exemptions for Commercial UAS Movie and TV Production FAA 考虑给予电影和电视制作的商用无人机豁免
2014-04-21	FAA Announces First UAS Test Site Operational FAA 首个无人机测试基地运行通告
2014-05-05	FAA Announces Alaska UAS Test Site Begins Reacher Flight FAA 阿拉斯加州无人机测试基地开展研究性飞行通告
2014-06-09	FAA Announces Nevada UAS Test Site Now Operational FAA 内华达州无人机测试基地开始运行通告
2014-06-10	FAA Approves First Commercial UAS Flights over Land FAA 批准无人机在国土领空商业飞行
2014-06-20	FAA Announces Texas UAS Test Site Now Operational FAA 德克萨斯州无人机测试基地开始运行通告
2014-08-07	FAA Announces New York UAS Test Site Now Operational FAA 纽约州无人机测试基地开始运行通告
2014-08-13	FAA Announces Virginia Tech. UAS Test Site Now Operational FAA 弗吉尼亚理工大学无人机测试基地开始运行通告
2014-09-25	U. S. Transportation Secretary Foox Announces FAA Exemptions for Commercial UAS Movie and TV Production 美国交通部长 Foox 和 FAA 通告 给予电影和电视的商用无人机豁免
2014-12-10	FAA Grants Five More Commercial UAS Exemptions FAA 再给予五种商用无人机豁免
2015-02-15	DOT and FAA Propose New Rule for Small Unmanned Aircraft Systems 交通部和 FAA 提交小型无人机系统新规定

3 无人机相关法规和管理政策

2. 对商用无人机的法规要求

一方面美国对无人机的管理十分严格，另一方面美国国内也有要求合理放松管制的呼声。无人机应用越来越广、技术越来越高、商业价值越来越大，这些给 FAA 和美国国会带来很大的压力，他们必须在放松无人机管控和安全与隐私之间进行权衡。

目前，美国已经全面放开了 200 ft（约 61m）以下空域的商业无人机使用，只不过这项新规仅仅适用于 45 家已经取得飞行许可的公司，并且需要遵循 FAA 的飞行规则。在 FAA 现有的规则之下，有两种方式可以在美国获得飞行许可。一种是申请豁免证书或者授权，一般适用于政府机构或者研究机构做调查研究之用；另一种适合商业的，则是通过《2012 年 FAA 现代化与改革法案》第 333 条款（也称"333 豁免条款"）获得飞行许可。

相较于之前一刀切式地禁止商业运营的严格管理，从《2012 年 FAA 现代化与改革法案》到 2014 年度 FAA 批准的一系列无人机运营豁免，FAA 正在逐步为低风险无人机提供运营的可能，新颁布的轻型无人机监管政策也主要是通过附加限制条件的形式进行监管，这一点与 EASA 基本一致。

2016 年 4 月，FAA 宣布为小型无人机开放商用无人机的在线注册。经历了多年等待、数次延期，2016 年 6 月，FAA 正式发布了规范商业运营商使用无人机的一项新法规《小型无人机飞行条例》（Small Unmanned Aircraft Regulations，也被称为"Part 107"），并于 2016 年 8 月末生效。这项新规较为温和，打破了之前全面禁飞的局面，并没有对商业用途的无人机做出严格的限制，适用范围是重量不超过 55 lb（约合 25 kg）的小微型无人机。"Part 107"法规主要包括以下规定。

● 飞行时间限定无人机只能在白天飞行，极限时间不超过日出前 30 min 和日落后 30 min。
● 无人机必须与运行无关人员保持一定距离（如 500 ft）；不得从人头顶上飞过，不得从无人机上扔东西，机体外侧不得搭挂包裹。
● 飞行高度不能超过地面高度（AGL）400 ft（约 122 m），除非周围建筑物超过 400 ft（这比之前提出的 500 ft 降低了 100 ft）。
● 飞行时速不得超过 160 km/h。
● 无人机飞行时，应始终在无线电操作者视界以内；且一次不能操控一个以上的项目。这意味着所有与长距离有关的飞行都不被允许，即从立法角度而言，亚马逊等电商希望使用无人机运送包裹的愿望不可能实现。
● 飞行路线和地点的限制。无人机必须避开飞机航线和飞行限制区，必须严格遵守相关临时限飞令。无人机应避开有人驾驶的飞机场至少 8 km。

3.3 国外无人机相关法规和管理政策

- 取消了对无人机操作者执照的要求，只要求无人机操作者进行特定知识测试和并取得相应的证书。无人机操作者可登录 FAA 网站，在"Drone Pilot Ground School"学习预备的和商业的无人驾驶培训课程。获得证书的无人机操作者要求年满 16 岁，且每过 24 个月都要接受一次认证和背景调查。在此之前，任何使用无人机的盈利实体都必须拥有以 FAA 颁发的资格证书，即驾驶员执照。
- 放松对商用无人机的管控。FAA 还根据"333 豁免条款"对商用无人机进行了监管：如果用户需要进行商业无人机操作，至少要提前 120 天进行申请。截至 2016 年 3 月，FAA 向各种商业无人机组织与企业颁发了超过 4000 个许可证书。

新法规对驾驶员的松绑和对商用无人机管控的松动，代表了 FAA 信任无人机可以安全地在国家空域中飞行。这使得无人机用户成本更低，同时也更快更简单。对于无人机厂商而言，则意味着销量的增加。有预测显示，无人机产业在 2025 年之前可能使美国 GDP 增加近千亿美元以及增加 10 万个就业岗位。面对这样广阔的商业前景，美国政府也在不断地适应和改变。

另外，关于爱好者的模型无人机，只要不妨碍空中交通，则仍然跟之前一样不受限制。

刚刚颁布的无人机法规不会让所有人都满意。据科技网站 ZDNet 报道，隐私倡导团体电子隐私信息中心（EPIC）日前向美国联邦航空委员会发起诉讼，控告该机构在 2016 年 6 月颁布商业无人机监管正式法规时，没有在其中加入隐私的相关法规，而应该采取进一步行动，将隐私问题纳入考量。多年以来，电子隐私信息中心一直就隐私问题向 FAA 施压。2012 年，电子隐私信息中心和其他 100 多家机构向 FAA 请愿，希望其处理隐私问题。他们表示，一些无人机使用案例非常具有侵略性，例如狗仔队和私家侦探部署的无人机。凭借特殊的功能和强大的设备，无人机能够实施非常详细的监控，它们能拍摄高清图像和视频，窥探高层的住处，并穿过树木、围栏和墙壁等障碍物。

3. 对非商业无人机使用的注册要求

2015 年 12 月 14 日，FAA 发布了一项《小型无人机注册和标识规定》，要求自 2016 年 2 月 19 日之后所有重量超过 0.55 lb 和小于 55 lb（约合 0.25~25 kg）的小型无人机都应该在 FAA 网站进行相关的注册登记，注册有效期为 3 年。未注册用户一旦被发现，可能会面临严厉处罚，民事处罚金额可能高达 2.75 万美元，刑事处罚则包括高达 25 万美元的罚款以及长达 3 年的监禁。短短一个月美国就有 30 万台无人机用户对自己的无人机进行了注册，截至 2016 年 5 月 12 日，注册用户量已突破 46 万。

3 无人机相关法规和管理政策

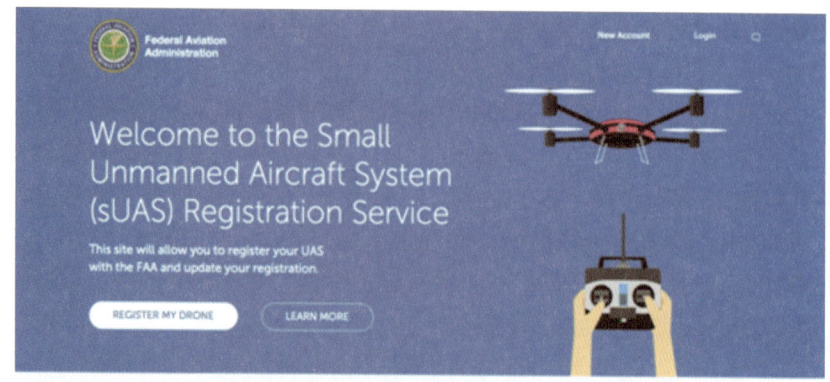

图 3-4 美国 FAA 无人机注册网页

4. 联邦政府和部分州政府对无人机的相关法规

逐渐被揭示的政府监控计划和无处不在的商用高清街景拍摄项目，让一些美国人对无人机这种高效的监控拍摄飞行器产生了强烈的抵触情绪，并催生出了更多法案。截至 2014 年，美国联邦政府和 43 个州政府已颁布了 100 多项法案来限制无人机的商业应用，这使得拥有强大技术储备的美国在无人机商业航拍和农业监测等方面的应用反而不如一些科研实力不太强大的国家。

2014 年 10 月，FAA 出台了一项新规定，要求在比赛开始前 1 小时到比赛结束后 1 小时这段时间内，体育场周围 3 mile（约 4.83 km）范围内不得出现无人机（到场人数超过 3 万人的赛车场也适用该规定），违反这一规定的无人机操纵员将面临为期一年的刑罚。

美国联邦航空局 2015 年发布一则声明，首都华盛顿以及里根国家机场周边 15 mile 半径范围内的区域都属于"禁飞区"。2015 年 9 月，FAA 将华盛顿特区的禁飞区半径从 15 mile 扩大到了 30 mile。之后向美国航模学院（AMA）致信，要求该组织关闭旗下无人机俱乐部使用的 14 处飞行点。据悉，多达 36 个无人机俱乐部受到了 FAA 规则的影响，而且部分飞行点位于华盛顿特区以外，甚至是在马里兰州和弗吉尼亚州的开阔地带。无人机俱乐部成员认为 FAA 扩大禁飞区的做法有些过分，因为很多飞行点这些年来一直遵守无人机安全飞行指导准则。

2015 年 7 月 15 日，美国加利福尼亚州议员向众议院提交法案，要求对使用无人机干扰灭火工作的操控者处以 1 000~5 000 美元的罚款，同时施加

3.3 国外无人机相关法规和管理政策

最长 6 个月的拘留。

出于历史原因,美国各州对公民隐私和个人财产有相当严格的保护法令。随着无人机的出现,美国有些州的法律进行了相应调整。美国亚利桑那州就有这样的规定,一旦外来无人机飞到私有财产上空,且其飞行高度与眼睛齐平的话,就被认定为非法入侵。爱达荷州的法律规定,州内所有农场牧场和农业相关企业未经土地所有者的允许都不得使用无人机对其农产品进行监控。伊利诺伊州则分别颁布了约束执法部门和民间爱好者的两部法案来限制无人机的使用。

2015 年 10 月 6 日,美国加利福尼亚州州长 Jerry Brown 在拒绝多项对无人机限制的提案后,签署了隐私保护扩大法案"AB 856",以防止狗仔队利用无人机偷拍公众私有财产。该法案将"禁止派遣无人机在他人领地上空录音或拍照"纳入其中。不过,Brown 并不欢迎其他妄图对无人机使用加以限制的做法,比如他否决了一项提案,其内容为"未经准入允许,不得将无人机飞至他人财产上空"。因为他认为,该法案"可能会给无人机爱好者和获得美国联邦航空管理局(FAA)批准的商业用户等带来繁重的诉讼,并要找寻新的起诉理由。"加利福尼亚州州长还否决了三个法案,内容包括禁止公众在森林、学校和监狱使用无人机飞行等。

无人机的应用越来越广,现在警察也开始配备无人机了。2015 年美国北达科他州通过了《1328 法案》,该法案将允许当地警察使用装备有泰瑟枪、催泪瓦斯、橡皮子弹等非致命性武器的无人机。

3.3.4 日本

近年来伴随着无人机的日益普及,失误造成的坠机事故也与日俱增。不仅如此,故意的威胁也防不胜防。无人机侵入首相官邸的案件引起日本社会震惊,使日本政府和立法机构看到小型无人机对安全构成了严重挑战,日本针对无人机修订的《航空法》在 2015 年 12 月 10 日正式生效。新法规要求,重量为 200 g 以上的飞行器在机场附近、庆典及展览等人多拥挤场合,以及全国所有人口集中地区一律禁飞。人口集中地区是指人口密度每平方千米 4000 人或以上的地区,东京、大阪府、京都、冲绳等部分热门旅游地区均属人口集中地区。如果需要在禁飞区使用无人机,必须事先申请,申请者须附上飞行目的、无人机编号等数据。若违反规定,违者最高可被处以 50 万日元(约合 2.5 万元人民币)的罚款。操纵人员必须在目视范围内控制小型无人机飞行,同时禁止使用小型无人机携带和运输爆炸物等危险品。新法规还加入四项禁止,分别是禁止无人机在人口密集的地域飞行,禁止无人机在机场附近飞行,禁止无人机在涉及安全保障的设施及大量人员聚集的场所的上空飞行,全部地区原则上也不允许夜间飞行。日本一架无人飞机的价格大概是 10 万 ~15 万日元，但如果违反上述规定，将被处 50 万日元以下的罚款。目前，东京都等一些地方政府都相继修改飞行的管理法规，禁止无人机在本地区的空域飞行。

雅马哈公司在日本政府的鼓励下，开发生产无人机已有 30 多年的经验。虽然没有政府的无人机法规，日本无人机协会（JUAV）和日本农业航空协会早早制定了一套令制造商、运营商甚至日本民航局（JCAB）政府部门尊重的自愿性标准。依照这些标准，至 2015 年日本已为大约 2 600 架无人机、1.1 万名飞控手颁发合格证。

在无线电管理方面，目前小型无人机主要使用无线局域网（Wi-Fi）进行操作，但随着网络流量的增加，将出现拥堵，很难发送高清影像。此外，考虑到操纵小型无人机的无线电波之间存在相互干扰的可能性，也有必要对相关使用规则做出进一步规范。为此，日本总务省全面修改面向小型无人机的电波管理规定，将分配 5.7 GHz 频带和 2.4 GHz 频带中目前尚未使用的频带专供小型无人机使用，同时还将放宽对电波输出功率的限制。由此，小型无人机将能够发送高清影像，或者飞往更远的地方。日本无人机的消费规范也在制定中。

3.3.5 俄罗斯

2010 年 3 月 11 日，俄罗斯联邦空中管理条例颁布。根据条例第 52 条，无人机使用必须提前提交申请，并且拿到相关许可。2016 年 1 月，有媒体报道俄总统普京批准了无人机须注册的规定。根据该法律文件，所有 250 g 以上的私人拥有的无人机都必须向俄罗斯联邦航空运输署注册备案。这一新法律于 2016 年 3 月末开始正式实施，拥有无人机的个人或者企业都必须有指定人选对无人机安全飞行负责任。此外，已注册的无人机使用者必须向地方空中交通管理部门提交飞行计划，计划被批准后，无人机操作员则必须严格遵守计划进行飞行，当公众安全受到威胁时，无人机操作员有权执行必要的紧急迫降。

俄罗斯是一个空中管制很严的国家，要想使用无人机必须提前申请，航拍也同样必须提前申请，但现实情况是一般个人和社会组织根本没有任何机会拿到该许可。2014 年，俄罗斯一家公司开发出一种无人机，可以携带 5 kg 的货物以 40 km/h 的速度飞行，该公司试图与快餐连锁店合作，保证在 30 分钟内送货上门。但根据俄罗斯法律，该商用无人机被勒令禁止的同时，其公司还被处以 50 万卢布的罚款。

相对于民用无人机的法律困境，俄罗斯的军队和政府部门却在大规模使用无人机。在俄罗斯内务部，已经拥有 12 支无人机飞行队伍，每支队伍由 5~8 台无人机组成。国防部甚至还设置了一个无人机特别培训中心，该

3.3 国外无人机相关法规和管理政策

中心在索契奥运会期间出色地完成了各种任务。移民局使用无人机在边境线进行非法移民的监控,联邦药物管理署用来检测毒品的跨境运输情况,等等。

3.3.6 其他国家

2015年12月6日,沙特阿拉伯民航局(GACA)发布禁令,禁止使用无人机及其他所有远程遥控飞机在该国空域活动,以避免通过这些遥控飞机进行的间谍活动。政府官员表示,这些遥控飞机已经对航空公司安全产生威胁,而且已经成为别国获取情报的手段。

阿拉伯联合酋长国在修订航空法时,出台了限制无人机使用的法规以增加航空安全。根据该法规,驾驶配置摄像头的无人机在该国是违法行为,同样法律要求无人机需要在普通民用航空器部门(GCCA)注册,获得批准后方可使用;如果无人机可能对飞机、机场和航空服务设施产生危害,公民将不得使用无人机。该法律于2015年4月生效,但实际执行存在较大难度,主要是因为无人机在出厂时已经配有摄像头,并且在销售点对无人机注册也不太可能。今年GCCA也将展开对民众的法律普及,使无人机驾驶者清楚有关法律,包括飞行器的飞行范围、航空管制和安全措施等。

图 3-5 阿拉伯联合酋长国的无人机展示

澳大利亚2015年出台新规,限制无人机以避免其飞入着火区域。

在新西兰,有关无人机和模型飞机的监管法律于2015年8月1日生效。该法律事实上禁止游客在公共场所使用无人机航拍。根据新的规定,如果无人机或模型飞机要飞过某块土地,需要先征得土地所有人或"占用人"(比如恰好路过这块地)的同意。即使得到了土地所有人的同意,还需要征得计划飞行区域内的所有人的同意。无人机只能在白天自由使用,同时不能飞出操控者肉眼视野范围,且高度不得超过120 m。如需要在夜间或超出规定距离使用，须获得民航管理局批准。同时，无人机须为其他飞行器让路，不得在机场附近 4 km 范围内活动。当然新的规定并非没有权宜方法：支付 600 美元给新西兰民用航空管理局取得认证后可以飞行。

3.4 我国的无人机法规

在我国无人机归属于民用航空器，与国家体委主管的航模飞机不同，是由中国民用航空局牵头管理的。中国民用航空局与无人机相关的三个主要管理部门是飞行标准司、适航审定司和运输司。

近年来国内无人机产业市场规模爆发式增长，相比管理却相对滞后。管理和应用往往是一对矛盾，又共同在矛盾中发展。"无人机 +"是在应用中扩展领域，在领域中创造需求，在需求中发展进步。时代赋予无人机技术爆炸式发展的机会，而限制应用、离开应用，无异于让创新力量闭门造车。对于无人机应用，一方面可通过制定行政法规进行管理，另一方面通过技术标准进行规范，管理规定还应避免一刀切地禁飞、限飞。对于我国而言，采用"分级或负面清单管理"还是"申报"管理体制，需要研究和探索。近期随着《民用无人机驾驶员管理规定》、《轻小无人机运行规定（试行）》等法规的出台，"无人机云"等技术平台的建立，监管的问题将初步得到解决。

无人机法规关注的重点包括四个方面：飞行空域、飞行器产品的适航性能（标准）、驾驶员以及作业后产品等相关内容。另外涉及使用安全等内容，暂不在此讨论。

3.4.1 通用航空和无人机相关法规的发展

我国通用航空的法规是比较完整的，对民用无人机的管理思路，基本上是按照现有相关通用航空法规框架来进行发展和完善。

《中华人民共和国民用航空法》自 1996 年 3 月 1 日实施，2015 年 4 月 24 日修正。其中第一百四十五条："通用航空，是指使用民用航空器从事公共航空运输以外的民用航空活动，包括从事工业、农业、林业、渔业和建筑业的作业飞行以及医疗卫生、抢险救灾、气象探测、海洋监测、科学实验、教育训练、文化体育等方面的飞行活动。"民用航空器未经空中交通管制部门许可飞行，由国务院民用航空主管部门责令停止飞行，其所有人或承租人可能受到一万元以上十万元以下的罚款。对飞行活动严重干扰空中交通秩序，威胁航空安全的，还可能因涉嫌危害公共安全罪被追究刑事责任。

《中华人民共和国飞行基本规则》2000 年 7 月 24 日由国务院、中央军

3.4 我国的无人机法规

事委员会令第288号公布，2001年7月27日第一次修订，2007年10月18日第二次修订。其中第二十七条规定："升放无人驾驶航空自由气球或者可能影响飞行安全的系留气球，须经有关飞行管制部门批准。"可见当时对航模、无人机等尚没有过多的关注，因其使用很少的缘故。第三十五条规定："所有飞行必须预先提出申请，经批准后方可实施。"

航空法规关注到无人机最早是在2003年。2003年5月1日，我国开始施行《通用航空飞行管制条例》。其中，"第二条 在中华人民共和国境内从事通用航空飞行活动，必须遵守本条例。第三条 本条例所称通用航空，是指除军事、警务、海关缉私飞行和公共航空运输飞行以外的航空活动，包括从事工业、农业、林业、渔业、矿业、建筑业的作业飞行和医疗卫生、抢险救灾、气象探测、海洋监测、科学实验、遥感测绘、教育训练、文化体育、旅游观光等方面的飞行活动。第四条 从事通用航空飞行活动的单位、个人，必须按照《中华人民共和国民用航空法》的规定取得从事通用航空活动的资格，并遵守国家有关法律、行政法规的规定。第四十一条 从事通用航空飞行活动的单位、个人违反本条例规定，有下列情形之一的，由有关部门按照职责分工责令改正，给予警告；情节严重的，处2万元以上10万元以下罚款，并可给予责令停飞1个月至3个月、暂扣直至吊销经营许可证、飞行执照的处罚；造成重大事故或者严重后果的，依照刑法关于重大飞行事故罪或者其他罪的规定，依法追究刑事责任：（一）未经批准擅自飞行的；（二）未按批准的飞行计划飞行的；（三）不及时报告或者漏报飞行动态的；（四）未经批准飞入空中限制区、空中危险区的。"以上条文明确了无人机用于民用业务飞行时，须当做通用航空飞机对待。当时很少有民用中小型无人机，该法规也没有从重量或功能上对无人机进行分级管理。

《中华人民共和国飞行基本规则》第三十五条规定："所有飞行必须预先提出申请，经批准后方可实施"。

一般认为，当无人机的载荷、升空高度与航程达到一定标准，就是通航产业范畴了。目前无人机作为通用航空的组成部分，各地区飞行管制部门按照《通用航空飞行管制条例》要求受理无人机飞行计划，但只受理企业用户的飞行计划申请，暂不受理个人用户的飞行计划申请，也就是说个人用户需要合法飞行几乎不可能。

以上法规对各种航空器的适航、飞行等进行了统一规定，没有对无人机的针对性要求，有关要求如果推而广之至无人机，明显各类无人机飞行至少都是在违法的边缘。

针对此类情况，2009年7月9日，中国民用航空局（简称民航局）航空器适航审定司发布《关于民用无人机管理有关问题的暂行规定》（ALD2009022），要求任何民用无人机在飞行前必须办理"临时登记证"和"特

许飞行证","拥有临时登记证和特许飞行证的民用无人机,应当按照空中交通管理、运行管理和无线电管理等部门的要求和规则运行"。文中注"本文所言民用无人机不包括航空运动模型"。可见,2009年前后无论在专业还是在消费领域,小微型无人机都没有出现成规模应用,主管部门还主要着眼于大中型无人机的管理。

2009年6月26日,中国民用航空局空中交通管理局和中国民用航空局空管行业管理办公室发布《民用无人机空中交通管理办法》(MD-TM-2009-002),主要解决无人机的空域管理问题。办法明确要求组织实施民用无人机活动的单位和个人,应当按照规定申请划设和使用空域,接受飞行活动管理和空中交通服务,保证飞行安全。

2012年1月13日,民航局适航审定司颁发了适航管理文件《民用无人机适航管理工作会议纪要》(ALD-UAV-01)。

2013年11月18日,中国民用航空局飞行标准司发布《民用无人驾驶航空器系统驾驶员管理暂行规定》(AC-61-FS-2013-20)。

2015年4月23日,中国民用航空局下发《关于民用无人驾驶航空器系统驾驶员资质管理有关问题的通知》,主要解决无人机的驾驶员资质管理问题。

2014年7月,国务院、中央军委空中交通管制委员会(以下简称"国家空管委")发布《低空空域使用管理规定(试行)》(征求意见稿),明确"低空空域"原则上是指真高1000 m(含)以下区域。山区和高原地区可根据实际需要,经批准后可适当调整高度范围。该规定征求意见稿从空域分类划设、空域准入使用、飞行计划审批报备、相关服务保障、行业监管和违法违规飞行查处等五大方面,对低空空域的管理使用进行了详细、有实操性的规定,将成为未来我国低空空域使用管理的基本依据。

2015年12月29日民航局飞标司正式发布《轻小无人机运行规定(试行)》(AC-91-FS-2015-31),自下发之日起生效。这是我国专门针对无人机进行管理的第一部行政规定(咨询通告)。

《轻小无人机运行规定(试行)》主要内容包括:给出了无人机等相关名词规范的定义或内涵;按重量将无人机分为大小7类;在民用无人机驾驶操作方面,明确无人机机长的职责和权限,以及驾驶员资格要求;对摄入酒精和药物的限制等做了规定;对飞行的规定包括飞行前准备、飞行限制区域、视距内运行(VLOS)、视距外运行(BVLOS)等规定;明确了民用无人机使用说明书、民用无人机运行的仪表、设备和标识要求;明确指出,民用无人机管理方式包括对民用无人机的运行管理和无人机运营人的管理;提出"无人机云"的管理平台概念和基本内容,并对提供商须具备的条件做了说明,但没有规定由某一家唯一提供服务;单独给出了植保无人机运

3.4 我国的无人机法规

行要求,以及无人飞艇运行要求。

2016 年 7 月 11 日中国民用航空局飞行标准司发布《民用无人机驾驶员管理规定》(以下简称《规定》)(咨询通告编号 AC-61-FS-2016-20R1),对原《民用无人驾驶航空器系统驾驶员管理暂行规定》进行了修订。主要内容包括:重新调整无人机分类和定义,新增管理机构管理备案制度,取消了原部分运行要求。《规定》共包含目的、适用范围、法规解释、定义、管理机构、行业协会对无人机系统驾驶员的管理、局方对无人机系统驾驶员的管理、修订说明和咨询通告施行等九个部分。

我国无人机相关管理规定正在编制和征求意见的还有《使用民用无人驾驶航空器系统开展通用航空经营活动管理暂行办法》等。

3.4.2 无人机分类和驾驶员管理规定

世界各国对于无人机几乎都是在分类的基础上进行管理的。无人机系统分类较多。《轻小无人机运行规定(试行)》将无人机分成七大类,且要求部分无人机接入无人机云和使用电子围栏。2013 年原《民用无人驾驶航空器系统驾驶员管理暂行规定》中将无人机分为微型无人机、轻型无人机、小型无人机和大型无人机四类。2016 年 7 月 11 日,民用航空局飞行标准司发布了《民用无人机驾驶员管理规定》,全面系统地明确了我国无人机分类体系,共九个类别,为便于与国际接轨,分类以罗马数字表示。相比《轻小无人机运行规定(试行)》的分类方法,前 7 类完全一致,另增加了第 XI 类和第 XII 类。分类表中从 VII—XI 之间暂缺,是为今后行业无人机等类别预留的类别。为便于理解,表 3-2 采用《规定》分类的同时,另加了一列一般中文常用的表述分类。

表 3-2 《民用无人机驾驶员管理规定》无人机分类和一般表述

分类	空机重量 /kg	起飞全重 /kg	一般表述
I	0 < W ≤ 1.5		超微型
II	1.5 < W ≤ 4	1.5 < W ≤ 7	微型
III	4 < W ≤ 15	7 < W ≤ 25	小型
IV	15 < W ≤ 116	25 < W ≤ 150	轻型
V	植保类无人机		
VI	无人飞艇		
VII	超视距运行的 I、II 类无人机		
XI	116 < W ≤ 5 700	150 < W ≤ 5 700	中型、大型
XII	W > 5 700		重型

同时规定，在实际运行中Ⅰ、Ⅱ、Ⅲ、Ⅳ、Ⅺ类有交叉时，按照较高分类进行；对于串、并列运行或者编队运行的无人机，按照总重量分类；地方政府对于Ⅰ、Ⅱ类无人机重量界限低于本表规定的，以地方政府的具体要求为准。

《规定》统一了"民用无人机驾驶员"的名称和意义，以及"视距内运行"、"空机重量"、"隔离空域"、"人口稠密区"和"无人机云系统"等常用名词的定义。

按照上述无人机分类标准，《规定》对无人机系统驾驶员提出了相应的分类管理要求。无人机系统驾驶员分为一般"驾驶员"（常称为"飞手"）和"机长"。无人机系统驾驶员管理按飞行安全性分为三类。

1. 备案制度

对于安全风险很低，非故意情况下很难造成重大伤害的一类，采用备案制度管理，无人机系统驾驶员自行负责，无须证照管理。这包括Ⅰ、Ⅱ类（即全重量小于等于 7 kg）、在目视视距内（半径 500 m）、人－机相对高度不超过 120 m 范围内的无人机，在室内运行的无人机，在人烟稀少、空旷的非人口稠密区进行试验的无人机。这些无人机应尽可能避免遥控飞机进入过高空域。根据社会公众对其认知和普遍期望，要求Ⅰ、Ⅱ类无人机驾驶员在网上可使用"无人机云系统"进行免费注册和备案，备案内容应包括驾驶员真实身份信息、所使用的无人机型号，并定期通过自学和在线法规考试。

应该注意到，无人机监管不仅有重量的指标，还有飞行距离、高度等指标。专业航拍多旋翼、测绘固定翼等多类无人机，虽然重量不超过 7 kg，但它们的飞行几乎都会超视距、超高度；另外产品设计即可在 500 m 之外超视距运行的无人机，列为第Ⅶ类，是需要对驾驶员进行证照管理的。可见，免于证照管理的标准还是较为严格的，几乎只是最简单的娱乐用微型无人机符合。

2. 培训合格证

对于有一定的安全风险性且社会关注度较高的轻型、小型无人机，驾驶员需要经过培训并取得培训合格证，方可实施飞行。民航局委托中国 AOPA 对无人机驾驶员实施管理，民航局飞行标准部门实施监督。这类无人机包括在隔离空域内运行的除Ⅰ、Ⅱ类以外的无人机，在融合空域内运行的Ⅲ、Ⅳ、Ⅴ、Ⅵ、Ⅶ类无人机。

3. 飞行执照

在融合空域运行的Ⅺ、Ⅻ类无人机，即中型、大型、重型专业无人机属于安全风险较高的一类，操作者需要先取得私用驾驶员执照或以上，由民航局进行管理。私用驾驶员执照并不是 AOPA 无人机培训合格证。

2015 年 4 月，中国航空器拥有者及驾驶员协会（中国 AOPA）获得中国民航局授予的无人机驾驶人员资质管理权。据悉，这是中国 AOPA 第二次获得民航局授权。第一次批复授权一年时间，第二次批复授权时间是 2015 年 4 月 30 日至 2018 年 4 月 30 日（今后每三年审批一次）。《规定》还对行业协会进一步明确了要求，规定其应该：建立驾驶员考试体系和标准化考试流程，可实现驾驶员训练、考试全流程电子化实时监测；建立驾驶员管理体系，可以统计和管理驾驶员在持证期间的运行和培训的飞行经历、违章处罚等记录。

3.4.3 无人机的适航管理

适航是适航性的简称，是飞机这个工业产品空中飞行的最低安全标准。民用航空器的适航性是指，该航空器包括其部件及子系统整体性能和操纵性特性，在预期运行环境和使用条件下的安全性和物理完整性的一种品质，这种品质要求航空器应始终处于保持符合其型号设计和始终处于安全运行的状态。

2009 年 7 月，中国民用航空局航空器适航审定司发布《关于民用无人机管理有关问题的暂行规定》（ALD2009022），明确当前我国无人机适航管理是对无人机做适航检查而不做适航审定，暂不办理标准适航证，无人机办理Ⅰ类特许飞行证，因此，对于无人机研制企业来说，在我国当前取证所取的也是Ⅰ类特许飞行证而非标准适航证。对民用无人机进行评审需要按照现行有效的规章和程序的适用部分来进行，制定了我国现阶段无人机评审的基本原则是：

- 进行设计检查，但不进行型号合格审定，不颁发型号合格证；
- 进行制造检查，但不进行生产许可审定，不颁发生产许可证；
- 进行单机检查，但不进行单机适航审查，不颁发标准适航证。

2012 年 1 月 13 日，民航局适航审定司颁发了适航管理文件《民用无人机适航管理工作会议纪要》，进一步明确了单机检查时以《民用航空器及其相关产品适航审定程序》（AP-21-AA-2008-05）为基础，制定具体检查单和检测方法；以具体使用环境下能安全飞行为标准，以确定使用限制为重点，颁发Ⅰ类特许飞行证。这主要是针对大型无人机的技术要求。

《民用无人驾驶航空器系统适航管理要求（暂行）》和《民用无人驾驶航空器系统特殊适航证颁发和管理程序》正在征求意见，即将完善发布。其中规定无人机最大起飞重量（MTOW）小于等于 250 g 的民用无人驾驶航空器系统无需向民航局申请适航证书，而对于航空器最大起飞重量大于 250 g 的民用无人驾驶航空器系统需按照特殊类、限用类、标准类的分类方式申请相应的适航证书。对于 250 g 的起飞全重，几乎囊括了航拍无人机和工业级无人机。

2012 年以来，中华人民共和国工业和信息化部（简称工业和信息化部或工信部）已经就无人机企业的准入问题，启动了《民用无人机研制单位基本条件及评价方法》的研究。研究由中国航空综合技术研究所牵头，旨在通过对民用无人机研制单位基本条件进行评价，规范制造业市场竞争秩序，引导行业基本资源与能力需求，引导资源配置、技术研究与管理水平的发展方向，促进国内民用无人机产业的健康快速发展。

3.4.4　无人机空域管理

《民用航空法》对航空器空域使用有相关规定。"第七十条　国家对空域实行统一管理。第七十四条　民用航空器在管制空域内进行飞行活动，应当取得空中交通管制单位的许可。第二百零七条　违反本法第七十四条的规定，民用航空器未经空中交通管制单位许可进行飞行活动的，由国务院民用航空主管部门责令停止飞行，对该民用航空器所有人或者承租人处以一万元以上十万元以下的罚款。"

无人机数量多，飞行速度慢，作业时间随意性强，这些特点令传统的空中交通管制方式无所适从；另外，随着技术日新月异，新型无人机可能在空中停留数天、数周或更久，将存在空中安全不可控的风险等，需要创建一个无人机专用的空中交通管制系统。

针对此类情况，中国民用航空局航空器适航审定司发布《关于民用无人机管理有关问题的暂行规定》（ALD2009022）。2009 年 6 月 26 日，中国民航局空中交通管理局和中国民航局空管行业管理办公室发布《民用无人机空中交通管理办法》（MD-TM-2009-002），该文件作为我国现阶段民用无人机空中交通管理办法，主要解决无人机的空域管理问题，对空域管理、空中交通管理、无线电频率和设备的使用等方面给出了明确的要求，明确了民航空管单位应当按照有关法规和本规定的要求对民用无人机飞行活动进行空中交通管理；组织实施民用无人机活动的单位和个人应当按照《通用航空飞行管制条例》等规定申请划设和使用空域，接受飞行活动管理和空中交通服务，保证飞行安全；申请划设民航无人机临时飞行空域时，应当避免与其他载人民用航空器在同一空域内飞行。所有这些都很明确地体现了民航局的管理思路，就是无人机应当在为无人机划设的专用空域（即之前所提到的隔离空域）内飞行，不能在融合空域飞行，且飞行要向空管部门申请飞行空域和计划，得到批准后才能活动。遗憾的是，这样的空域目前法律上却不够明确。

常见的"低空开放"的概念是一个不准确的用词，因为我国的低空从

3.4 我国的无人机法规

未关闭过,所以不存在"开放",业内的讲法是低空的有序使用。2014年7月,国务院、中央军委空中交通管制委员会(以下简称"国家空管委")发布《低空空域使用管理规定(试行)》(征求意见稿)(以下简称《意见稿》),明确"低空空域"原则上是指全国范围内真高1000 m(含)以下区域。山区和高原地区可根据实际需要,经批准后可适当调整高度范围。《意见稿》从空域分类划设、空域准入使用、飞行计划审批报备、相关服务保障、行业监管和违法违规飞行查处等五大方面,对低空空域的管理使用进行了规定,将成为未来我国低空空域使用管理的基本依据。按照《意见稿》低空空域将会被划分为三个种类:①管制空域:航空用户申请飞行计划,空管部门掌握飞行动态,实施管制指挥;②监视空域:航空用户报备飞行计划,空管部门监视飞行动态,提供飞行情报和告警服务;③报告空域:航空用户报备飞行计划,向空管部门通告起飞和降落时刻,自行组织实施,空管部门根据用户需要,提供航行情报服务。目前,综合各类航空用户需求,充分考虑地域因素和通航飞行特点,我国划设有122个管制空域、63个监视区域、69个报告区域和12条低空目视航线。通用航空飞行只向一个单位申报飞行计划。建有飞行服务站的地区,通过飞行服务站受理飞行计划;未建飞行服务站的地区,依托军用和民用运输机场的由所在机场空管部门受理飞行计划;不依托机场的由所在地区飞行管制分区主管部门直接受理或指定相关军民用机场空管部门受理飞行计划。《意见稿》没有任何无人机的相关文字,对无人机的管理尚为"灰色区域"。此《意见稿》发布于2014年,但涉及方面太多,至今未形成实质的法规。我国的现实情况是,空域的划分(对于普通用户)并不明确,空域审批机制尚不透明,个人(即没有企业、组织等实体的情况下)申请使用空域基本不予受理,缺乏低空通信、监视及目视飞行航图等关键基础设施。而且这个划分与无人机的运行没有直接关系,仅有参考意义。但可以推断,以后以休闲娱乐为目的的无人机运行应该在这三种空域之内。

《民用无人机驾驶员管理规定》明确:"融合空域,是指有其他有人驾驶航空器同时运行的空域;隔离空域,是指专门分配给无人机系统运行的空域,通过限制其他航空器的进入以规避碰撞风险。"

主管部门定义"无人机禁飞区",其中未经批准不得擅自进行任何运营操作;以及定义"无人机限飞区",其中无人机必须具备功能使其易于识别,并且提供空域的自动限制的功能,这类区域中无人机也要有一定的重量限制。我国目前重点关注无人机管理的有北京、上海等大和特大城市居住区,以及机场、军事禁区、党政机关等特殊区域。在重大活动期间地方政府和空管部门出于安保的考虑,经常对无人机限飞。北京每年的国庆、2015年北京纪念抗日战争胜利七十周年、2014年南京青奥会、2013年沈阳全国运动会、2011年三亚博鳌亚洲论坛暨金砖五国首脑会议、2010年广州亚运会等期间均向社会公示了无人机限飞指令。例如，为确保G20杭州峰会顺利举行，2016年6月23日发布了《浙江省人民政府关于对小型航空器和空飘物采取临时性管理措施的决定》：自2016年9月1日起至9月6日止，对本省行政区域内的小型航空器和空飘物采取临时性管理措施。在G20杭州峰会开始前，公安机关将会同民航、气象、体育等部门对小型航空器和空飘物进行登记；可以要求相关单位或人员对其管理、使用的小型航空器和空飘物予以临时封存，必要时，也可以直接采取临时封存措施。无人机等物品持有人或单位应及时向当地公安机关备案或在社区(村)入户访查时如实提供相关信息。这些都是在特定的时间对中小型飞机、直升机、滑翔机、三角翼、滑翔伞、动力伞、热气球、飞艇、无人机、航空模型、空飘气球、孔明灯等小型航空器和空飘物的安全管理。

《民用无人机驾驶员管理规定》指出，在视距内运行的微型无人机，或在人烟稀少、空旷的非人口稠密区进行试验的无人机，由驾驶员自行负责，无须证照管理。如此的规定，在"人烟稀少、空旷的非人口稠密区"为无人机的飞行留下一些松动。

3.4.5 无人机"黑飞"的界定

根据中国航空器拥有者及驾驶员协会2015年发布的《中国无人机报告》，我国目前有上万架无人机处于"黑飞"状态。

无人机的"黑飞"，广义是指非法的、未经批准的飞行，狭义是指出于盈利等各种主观故意、可能危及社会的违法飞行。黑飞的界定，涉及无人机的性能、分类、使用空域和驾驶员资格等方面。

如果将无人机认为是通用航空意义的飞行器，则其完全合规飞行几乎不可能。那样的话，无人机的飞行流程其实和有人飞机并没有区别：首先，作为个人，需要向民航地区管理局申请非经营性通用航空登记，提交飞行、维修人员的资质，无人机的相关证照（国籍登记证、特许飞行证等），与起降机场签订保障协议，或者自建临时起降点、机场（包括审定的通信、导航、监视、气象、航行情报系统、飞行程序等）；其次，拿到登记证书后，每次在管制空域内飞行时（目前我国没有非管制空域），都要按照《通用航空飞行管制条例》，在飞行前1天的15时前向管制单位提交申请，批准后第二日方可实施。若要100%合法合规，都必须如此。

1. 民用航空器、无人机的性能和分类

《民用航空法》、《通用航空飞行管制条例》等法规中，都有民用航空器在管制空域内进行飞行活动，应当取得空中交通管制单位许可的要求。

如果无人机被认定属于广义航空器，就要有适航证书，包括了国籍登记证、试航证和电台执照等。一般认为，当无人机的载荷、升空高度与航程达到一定标准，就是通航产业范畴了。无人机、特别是小微型的无人机，是否是通用航空的法律调整对象？如果有人飞机、无人机、飞艇、航模、气球不分大小等，一律被认定为"民用航空器"而适用于现有法规的话，那么所有无人机、无批准的飞行活动，都有"黑飞"之嫌。

2. 无人机的使用空域

依据严格的法规定义，我国尚未划出无人机可使用的空域，也没有管理部门授予其飞行的许可，空域中的无人机于尴尬的境地。具体飞行实践中，那些在机场、军事和政府设施、超市等明确要求避开的人员密集区、超过一定高度（120 m）空域，以及涉及测绘等保密规定的飞行活动，肯定会被认为是"黑飞"。而在空旷地区、非敏感空间范围内、无恶意和危害的飞行，一般不会被追究。近期民航局认定了 U-CLOUD 等无人机飞行申请平台的运营，可以理解为在平台上经过批准的飞行告别了"黑飞"。

3. 驾驶员资格

《民用无人机驾驶员规定》中有 3 种情况不需要持照飞行：①室内飞行；②在视距内飞行的微型以下无人机，但理论上需要申报飞行计划；③在空旷无人区做实验的无人机飞行，如河流、海上或沙漠等空旷的地方。除此之外，从驾驶员资格方面来看，驾驶 7 kg 以上无人机、没有国家民航局认定的中国航空器拥有者及驾驶员协会（Aircraft Owners and Pilots Association of China，AOPA CHINA）颁发的无人机驾驶员证书的，即被认定为"黑飞"。

3.5　无人机驾驶员培训驾驶

3.5.1　管理机构和管理要求

在无人机普及之前，民间爱好者和运动员主要是操作遥控航空模型，其飞行员执照是由中国航空运动协会（ASFC）颁发的遥控航空模型飞行员执照，简称 RC 飞行员执照。

中国民航局于 2016 年 7 月颁布的《民用无人机驾驶员管理规定》（以下简称《规定》）明确，"本咨询通告针对目前出现的无人机系统的驾驶员实施指导性管理，并将根据行业发展情况随时修订，最终目的是按照国际民航组织的标准建立我国完善的民用无人机驾驶员监管体系。"

《规定》明确，由中国 AOPA 负责颁发驾驶员训练机构临时合格证，并对训练机构的申请条件、场地限制、课程设置、训练质量等相关内容进行了说明。时间为 2014 年 4 月 30 日—2015 年 4 月 30 日，有效期一年，以后每三年审批一次。中国 AOPA 此后正式开始委托相关企业培训无人机驾驶员，培训合格由中国 AOPA 给予合格者颁发证书。

2015 年 4 月 23 日，民航局以民航文 [2015]34 号《关于民用无人驾驶航空器系统驾驶员资质管理有关问题的通知》，第二次授权中国 AOPA 无人机驾驶人员的资质管理。批文中明确：

"一、自 2015 年 4 月 30 日起，由中国航空器拥有者及驾驶员协会继续按照相关法律法规及规范性文件负责在视距内进行的空机重量大于 7 千克以及在隔离空域超视距进行的无人机驾驶员的资格管理。

"二、民航局飞行标准司负责对中国航空器拥有者及驾驶员协会的管理工作进行监督和检查。

"三、本通知的有效期至 2018 年 4 月 30 日"。

根据《行政许可法》、《国务院机构改革和职能转变方案》（2013），中国 AOPA 受政府委托颁发训练合格证，在目前没有相关法律法规出台前的特定时期，这个训练合格证相当于执照。中国 AOPA 负责管理全国培训机构的审定、教学大纲、教学手册、教学质量、考试和发证等规则上的制定，没有市场经营权，对培训机构的定价没有干预的权利。目前，民航局尚未委托其他协会或机构进行培训及证书管理，也可以理解为后续申报空域、飞行计划等的基本要求，将只与 AOPA 证书直接挂钩。

3.5.2 中国 AOPA 和培训机构

国际航空器拥有者及驾驶员协会（International Aircraft Owners and Pilots Association，IAOPA）是国际民航组织下属最大的协会。中国航空器拥有者及驾驶员协会（AOPA-China，中国 AOPA）是 IAOPA 的国家会员，作为其在中国（包括中国香港、中国澳门、中国台湾）的唯一合法代表，于 2004 年 8 月 17 日在中国国家民政部登记注册。AOPA-China 由中国民用航空局业务指导，是我国无人机领域沟通政府和民间社团、企业的牵头社团组织（非政府组织）。

中国 AOPA《民用无人驾驶航空器系统驾驶员训练机构合格审定规则（暂行）》（ZD-BGS-004-R1，2016 年 2 月 29 日颁布）第 7 条指出，由中国 AOPA 负责颁发驾驶员训练机构临时合格证，并对训练机构的申请条件、场地限制、课程设置、训练质量等相关内容进行了说明。拟开办的无人机驾驶员培训的企业机构需要向中国 AOPA 申请认证，初次为"驾驶员训练机构临时合格证"，一年后在达到相关技术和业绩等要求后，可以申请驾

3.5 无人机驾驶员培训驾驶

图 3-6 中国 AOPA 的徽标

驶员训练机构合格证。

2014年12月31日，中国AOPA审定并颁发无人机驾驶员训练机构临时合格证的共18家；至2016年1月1日，该组织共授权57家单位进行无人机驾驶员培训。培训机构在全国分布不均，情况见表3-3。

表 3-3 无人机驾驶员培训机构分布

地区	华北	中南	华东	西南	东北	西北	新疆	合计
数量	17	17	14	3	2	2	2	57
比率/%	29.8	29.8	24.6	5.3	3.5	3.5	3.5	100

3.5.3 无人机驾驶员培训

1. 报名条件

中国AOPA对无人机驾驶员的报名没有统一规定，各培训机构（无人机驾校）自行设定了报考条件，一般包括：爱国守法，3年或若干年内无犯罪记录；热爱航空和无人机事业；年满17或18周岁，初中或以上文化程度，思维敏捷、动作协调、自控力强，对身体条件的要求一般为矫正视力1.0以上；下列情况不能申请驾驶员合格证：色盲、色弱、心脑血管及精神类疾病、严重肢体残疾、眩晕症、癔症、震颤麻痹、长期使用依赖性精神药品成瘾尚未戒除等。

2. 合格证分类、分级和培训时间

无人机驾驶员的合格证需要分类训练获取，分为多旋翼、固定翼、直升机、飞艇、自转旋翼、轻转旋翼以及其他的一些航空器类别。

《民用无人机驾驶员管理规定》将合格证分为驾驶员、机长两个等级。无人机系统驾驶员，是由运营人指派对无人机的运行负有必不可少职责并在飞行期间适时操纵无人机的人。无人机系统的机长，是指在系统运行时间内负责整个无人机系统运行和安全的驾驶员。在各个"无人机驾校"，还需要有教练员。AOPA中国《民用无人驾驶航空器系统驾驶员训练机构合格审定规定（暂行）》中，明确了教练员的考证要求。

驾驶员和机长可以直接考取，一般培训机构规定驾驶员飞行培训时间

不少于60小时,机长培训时间不少于66小时。驾驶员考试较简单,训练以多旋翼机型为主,带GPS,可以定点、定高,容易操作。机长不仅要使用无人机作业,还要带领团队工作,同时机长也是成为教员的前提。报考飞行教员,要求在获得机长驾驶执照后有记录的飞行时间超过100小时(有教员签字或盖公章、在合法空域内飞行有效)经验之后,才可以报名学习。

驾驶员学习是分机型发证书的。多旋翼无人机驾驶员是学习时间最短的,理论训练加上飞行训练大概15~20天左右,固定翼无人机驾驶员的训练时长大概20天左右。由于直升机复杂的结构以及难以掌控的技术,直升机驾驶者的训练时间会更长一些,尤其是直升机的机长或教员。持有无人直升机"驾照"也可驾驶多旋翼无人机,而持有多旋翼无人机"驾照"不能驾驶无人直升机。

训练合格证执照有效期为两年,两年之后换发,不需要重新考试,流程很简单,就是直接到之前的培训机构进行更新换发。教员的执照到期后必须经过实践考试之后才能换发。

授权的训练机构自行招生,并决定学习、考试的定价。2016年多旋翼无人机驾驶员的考证培训费用约为10 000元,机长为12 000元左右;固定翼驾驶员培训费用为3万~4万元。各培训机构由于提供的附加服务不同,因此收费不尽相同。考虑到全日制培训的食宿等问题,花费会更高一些。

3. 培训内容和课程设置

以多旋翼无人机为例,驾驶员培训包括三个环节:理论学习、模拟操作及实践飞行、考试。理论学习内容包括了法律法规、无人机原理和组成、装机调试等,实践飞行主要掌握4秒360°悬停、四方位悬停、水平8字、地面使用,参加考试,共132课时。

(1) 理论培训

共10门课程,包含无人机概述与系统组成(8学时)、民航法规与术语(3学时)、空域的飞行与申报(7学时)、航空气象与飞行环境(6学时)、无人机分类及主流布局(5学时)、无人机构造(4学时)、飞行原理与性能(6学时)、通信链路与任务规划(5学时)、无人机系统特性(10学时)、飞行手册及其他文档(6学时)等。

(2) 实际操作培训

学员要对遥控器、电池、螺旋桨等部件的工作原理、调试方式等有非常充分的了解和掌握才能通过考试。实际操作包括模拟飞行训练、无人机装机调试实践、遥控装置设置、地面站航点航线规划、应急链路通信、起飞与降落训练、模拟航线飞行、悬停、转弯等各种飞行技术、维修及保养、充电设备和电池的使用、安全运行管理、应急处置练习等,主要内容和课时安排见表3-4。

3.5 无人机驾驶员培训驾驶

表 3-4 无人机驾驶员实际操作培训主要内容和课时安排

课程	科目	地面	带飞	单飞	课时
1	模拟飞行	8			8
2	飞机拆装、维修、维护和保养	10			10
3	地面站设置与飞行前准备	8			8
4	起飞与降落		4	8	12
5	本场带飞		6		6
6	本场单飞			10	10
7	应急操作		6	8	14
8	考核结业	2	2	2	6
	合计	28	18	28	74

多旋翼飞行基础包括：手动起飞、降落、四位悬停、增稳模式下 360° 自旋。

直升机飞行基础包括：手动起飞、降落、四位悬停、手动八位悬停。

固定翼飞行基础包括：手动起飞、降落、水平航线、四边航线。

实操阶段的学习，开始先在模拟器上练习，一般练习一个星期左右可以熟练控制。然后使用真飞机练习，先用 GPS 模式飞行，飞机空中控制比较容易；之后换到了手动模式，这时控制飞机的难度加大。大约经过一个月的练习，基本都可以做到熟练掌握了。

考官对学员的考核主要注重起飞前的各种规定检查动作是否执行到位，飞行中对各种姿态技术指标的观察和掌控，这些都是考试的要点。在旋翼机的考试中对于很多动作都有比较明确的考核要求。

- 起飞：必须从停机坪（半径 1 m 的圆圈中心）起飞垂直起落，悬停高度为 2~5 m，悬停时间 2 s 以上。
- 慢速自旋一周（360° 旋转）：要求向左或向右慢速绕机体中轴旋转一周，时间不低于 4 s 旋转一周，同时高度不应有变化。旋转必须以一个固定的速率进行。
- 水平 8 字：从悬停位置直接进入水平 8 字航线，切入航线方向不限，动作完成后转成对尾悬停准备降落。要求两个圆的直径（5~10 m 均可）相同，两个圆的结合部位通过身体中线，空域在 120° 内，整个动作的高度不变。
- 降落：移动至起降区上空平视高度处悬停 2 s，垂直降落着陆时必须平稳并且在停机坪的中心。
- 其他要求：考试中飞手须大声报告每个动作的名字，悬停动作中所有停止须保持最少 2 s 的间隔（特殊规定除外），圆形和线性悬停部分必须以常速进行，每一次旋转必须以一个固定的速率进行，等等。

3 无人机相关法规和管理政策

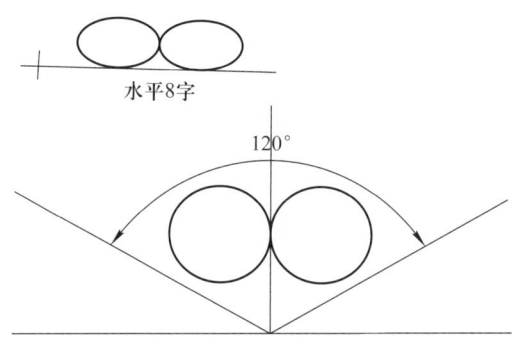

图 3-7 水平 8 字示意图

4. 考试内容

理论考试设置了 1 400 多道的题库，抽选出 100 题作为一次考试的试题。手动实操包括手动起飞降落、对尾悬停、4 位悬停、慢速自旋、水平 8 字航线。

针对不同等级的无人机驾驶员，考试要求也会有所不同，表 3-5 列出了对无人机驾驶员、机长、飞行教员的具体考试要求。

表 3-5 各等级无人机驾驶员考试要求

等级	理论	实操
驾驶员	70 分	手动飞行，口试
机长	80 分	手动飞行，原地 360° 自旋或水平 8 字飞行，地面站自主飞行，口试
飞行教员	80 分	慢速水平 360° 自旋，后退水平 8 字飞行，口试； 直升机及多旋翼：手动起飞降落，对尾悬停，4 位悬停，慢速自旋，四边航线，水平 8 字航线； 固定翼：手动起飞降落，四边航线，水平 8 字航线，模拟停机降落

表 3-6 飞行教员培训课程安排

		学时	总学时
理论培训	航空知识及特殊情况处置	4	
	教学法	24	28
实操培训	正常飞行程序指挥	5	
	应急飞行程序指挥与操作（固定翼/直升机/多旋翼）	12/15/9	
	教学法	10	27/30/24

5. 培训驾校和持证驾驶员情况

据中国 AOPA 官网，自 2014 年 6 月开展无人机培训，培训驾校和培训的驾驶员不断增加，截至 2016 年 5 月 31 日全国已有 102 家民用无人机驾驶员训练机构通过了审核，驾驶员合格证总数为 4986 个。

表 3-7 培训机构与飞行驾驶员情况

截至时间	认证培训机构数	培训合格驾驶员
2014-12-31		244
2015-06-30	34	750
2015-12-31	57	2142
2016-05-31	102	4986

我国对民用无人机驾驶员的培训规模较大。作为比较，美国对一般民用无人机驾驶员不实行证照管理，无人机飞行员训练基本是以培养军用无人机驾驶员为目的的，培训要求高、时间长。例如 2015 年 11 月初，美国北达科他州大天空无人机商业公园的负责人称，由于目前对飞行员和机组其他成员的需求日益增加，正着手开设无人机飞行员培训学院，或将开始先行筹建临时培训中心，预计每年最多可培养 100 名学员。

3.6 无人机作业产品数据安全

3.6.1 无人飞行器测绘航空摄影资质要求

无人机航空摄影测绘由国家测绘地理信息局管理。根据《关于进一步贯彻〈测绘资质管理规定〉和〈测绘资质分级标准〉的通知》（国家测绘地理信息局，测办 [2010]24 号，2010 年 4 月 12 日），规定从事无人飞行器测绘航空摄影须取得测绘资质，并明确了无人飞行器测绘航空摄影资质专业标准。测绘资质分为甲、乙、丙、丁四类，其中甲、乙、丙级资质可进行不同作业面积的测绘并提供相应产品。

3.6.2 数据生成和使用安全

无人机作业后取得的测绘数据，都是从数字图片的"摄影测量"开始的，而我国用户摄影测量的软件大量使用的是国外产品，不能保证无软件后门。

因此，在使用软件生成各种地形图时，应固定专用计算机工作站，专机专用，一般不得上网使用。

使用已完成的测绘成果时，一般不得上网使用。

有关科研和政府机关使用数字地图和相关数据库，应进行"全内部网络设计"，杜绝一切网络攻击和入侵。数据加密的一般方法有：

- 公网接口用 VPN 和数字证书认证；
- 所有数据都可以进行 128 位加密；
- 内部间谍窃取机密后不能解码；
- 客户端使用 USB 硬件狗加密，拔除后客户端立刻失效，防止非授权人员操作，等等。

3.6.3 测绘成果保密规定

无人机作业产品，一般包括图、视频和测绘成果。由于无人机的高指向性和高精度，无人机可以轻易取得，如大于一定比例尺、超过一定范围的地形图及其数字化成果图，高精度数字高程模型，涉及军事禁区的测量成果等，这些成果很可能涉密。《测绘管理工作国家秘密范围的规定》（国测办字[2003]17号）对涉密成果的名称、密级、保密期限和控制范围都作出了明确的规定。测绘成果密级分为3级共19项，其中绝密级4项、机密级7项、秘密级8项。成果的使用者（控制范围）也需要得到相关部门的许可。

表 3-8 测绘成果保密规定（部分）

密级	事项名称（部分）	控制范围
绝密级 4项	1∶10 000、1∶50 000 全国高精度数字高程模型等	经国家测绘地理信息局批准的测绘成果保管单位及用户；经总参谋部测绘局批准的军事部门测绘成果保管单位及用户
机密级 7项	涉及军事禁区的大于或等于1∶10 000 的国家基本比例尺地形图及其数字化成果图； 1∶25 000、1∶50 000 和1∶100 000 国家基本比例尺地形图及其数字化成果等	经省级以上测绘行政主管部门批准的测绘成果保管单位及用户；经大军区以上军队测绘主管部门批准的军事测绘成果保管单位及用户
秘密级 8项	非军事禁区 1∶5 000 国家基本比例尺地形图；或多张连续的、覆盖范围超过6 km² 的大于1∶5 000 的国家基本比例尺地形图及其数字化成果图； 1∶500 000、1∶250 000、1∶10 000 国家基本比例尺地形图及其数字化成果； 军事禁区及国家安全要害部门所在地的航摄影像等	经县市级以上测绘行政主管部门批准的测绘成果保管单位及用户；经大军区以上军队测绘主管部门批准的军事测绘成果保管单位及用户

3.7 无人机飞行技术管理

无人机的威胁和风险控制仅仅依靠政策监管还远远不够,各种技术措施,包括技术管理、标准化、以及一系列重点技术需要形成合力,才能有效管控风险,由此催生了无人机技术管理和防御系统全新的领域。

3.7.1 优云 U-CLOUD

中国 AOPA 目前正在推广"优云 U-CLOUD"网上无人机管理服务平台,这是一个"互联网+"的云数据系统。包括申报飞行计划、保险、航行服务、气象、违规查询、地域查询、禁区查询等。现在监管部分的功能已经开通,正在与各地区合作试运营 U-CLOUD,开通后飞手可以从这里申报飞行计划。今后飞行计划直接在网上就可以申报。市场上销售的无人机,装上 U-CLOUD 小盒子,均 30 g 重。相关的规章规定,不同类别在不同区域都要装上这类系统,有些还需要加装电子围栏。2016 年 12 月 31 日以前部分满足,2017 年底该满足运行的全要满足。U-CLOUD 其主要特色:

🔄 监管部门协同管理,紧密结合民航最新政策法规;

📱 多终端云同步,无论在办公室还是室外,随时通过计算机、手机管理和监视无人机;

📝 飞行计划快速报批;

📊 飞行数据实时上报,结合禁飞区数据和电子围栏,无人机飞行过程实时监视,自动警告;

☁️ 飞行数据云存储,飞行计划和飞行日志记录云存储;国内最权威的民用无人机驾驶员、禁飞区数据、障碍物、公共建筑物、人口稠密区等基础数据库;最全面的无人机专用空域地图,帮助驾驶者每天掌握第一手空域信息;

🔗 支持多种数据链路接入,支持互联网/2G/3G/4G/ADS-B/北斗低空雷达等多种链路数据接入;

🌐 对各类无人机开放,包括工业级专业无人机、商用无人机和一般消费类无人机,等等。

无人机首先要进行飞行申请,之后在天上飞的每一个动作变化、所有的航迹都可以用数据表达,高度、速度、位置、航向等数据都可以录入

U-CLOUD 系统。从商业上看，根据这些数据，可以开发出针对安保、预警、避让等不同场景的应用平台，商机无限；另一方面这些飞行数据可能涉及大数据统计秘密。因此，U-CLOUD 至少是一个官方许可和可控运营背景下的平台。

3.7.2 云世纪"U-Care"和大疆 GEO

2016 年 4 月 20 日，国家民航局颁布的运行批文，许可青岛云世纪公司的 U-Care 无人机综合监管云系统进入市场运营，为无人机的爱好者、行业用户以及相关航空和公众安全管理部门提供服务。这是第二家获得无人机运营许可的服务平台。U-Care 重视安全和信息的共享，既要维护无人机使用者的权益，让其获得更高安全余度的自由飞翔，同时也要关注监管方需求，通过电子围栏、禁区告警等功能避免对航空安全飞行、公共安全和国家安全的影响。作为无人机的运营系统，U-Care 提供了无人机与驾驶员管理、飞行计划和服务管理、航空资料大数据等基本功能，独具特色的是 U-Care 的设计完全参照空管运行系统标准开发，在稳定性、专业性和安全监管需求上有其优势。在地图使用、飞行计划审批和空域监管上结合了我国的空域资源管理现状，在系统中直接预留了与军民航空管监视系统的接口，支持与国内大多数主流空管业务系统对接。

深圳大疆创新科技有限公司（DJI）也在 2015 年 11 月推出 GEO 新版无人机飞行安全系统。GEO 率先在北美和欧洲地区投入使用，它将为使用 DJI 产品的用户实时提供有关所在区域的飞行限制和安全提示等信息。

3.7.3 标准化工作

我国无人机领域标准化工作相对滞后，标准体系规划尚未完成。

1. 无人机系统标准化协会（筹备）

任何一个新兴产业的发展都离不开标准的引领和规范，标准规范是产品"皇冠上最珍贵的宝石"。我国无人机领域标准化工作相对滞后，标准体系缺乏规划，亟须制定符合我国实际的行业标准，从而加强技术交流、提升企业竞争力、打造高效产业链、规范市场秩序。标准体系由国家标准、行业标准、地方标准、团体标准、厂商标准等构成，每类标准侧重点不同。国家标准是强制性标准，其关注的重点是国家安全、公共安全、环保、有效监管等；行业标准旨在树立行业门槛和标杆，关注的是行业准入、研制生产、认证贸易、运营使用等；团体和厂商标准则贴近市场，是市场选择的事实标准，包括品牌认证标准、采购认证标准等，有助于提升成员品牌影响力、

3.7 无人机飞行技术管理

促进资源融合、打造高效产业链。

2015年12月我国部分从事无人机系统领域技术开发、产品制造、运营等企事业单位及高等院校、社会团体，共同组建了无人机系统标准化协会（筹备）理事会及技术委员会，包括工信部、民用航空局、国标委、中航集团等59家单位的160位代表出席了成立大会。协会拟定了《无人机系统术语》、《民用无人机系统分类及分级》两项团体标准。其中，《无人机系统术语》针对无人机系统设计、生产、消费、使用和监管，主要规定基础术语、无人机平台、任务载荷、控制站、数据链、保障与维护等6方面的术语定义；《民用无人机系统分类及分级》标准针对民用无人机系统的安全监管和研制生产，主要规定了民用无人机系统按平台构型、起飞/空机重量或气囊体系、动能、目视视觉接触操作、控制方式、感知与规避能力、最大设计使用高度、最大空速、实时操作距离、续航时间等16个维度的分类和分级要求。这是我国首批无人机系统"团体标准"，是无人机产业从"野蛮生长"步入健康有序发展的一个标志。

2. 工信部规划无人驾驶航空器系统频段

为了进一步完善无人机作业规范，避免黑飞所造成的各种事故，2015年3月15日，工信部发布《工业和信息化部关于无人驾驶航空器系统频率使用事宜的通知》，主要内容为：为满足应急救灾、森林防火、环境监测、科研试验等对无人驾驶航空器系统的需求，根据《中华人民共和国无线电频率划分规定》及我国频谱使用情况，规划840.5~845 MHz、1 430~1 444 MHz和2 408~2 440 MHz频段用于无人驾驶航空器系统。

3.7.4 无人机可识别技术和管理

无人机可列入特种设备范围，从生产、销售和使用方面都进行规范管理。无人机几乎来无影去无踪，干了坏事儿根本抓不到，好不容易抓住了一台也找不到主人是谁，自然也就无从处罚。因此需要建立无人机生产、销售、使用可追溯制度，包括无人机的自动识别、使用实名制等。

无人机自动识别技术是指对执法实体的询问作出反应，并提供有关无人机、运营商和运营信息的技术。生产企业作为监管源头，可考虑强制要求其对无人机核心部件实行全国统一的电子编码，实行身份识别，这样的系统可能会用到类似移动手机网络或无线射频识别（RFID）技术。建立生产可追溯制度，可以从最大批量的源头解决最大的一部分无人机身份认证的隐患。

建立统一的数据库对无人机销售进行登记，销售主体和使用者应该实名制登记，操作者更需取得相应资质。

2016年4月,深圳市标准技术研究院牵头起草的《民用无人机系统二维条码信息标识技术规范》和《民用无人机系统身份识别通用要求》,以及深圳巴伦检测技术有限公司起草的《民用无人机系统性能测试方法第3部分:无线射频性能》三项联盟标准通过评审,并于5月份正式发布。这三项标准的最大亮点是提出了监管方面的"细则",比如民用无人机产品将预留身份识别接口,并在管理平台注册登记无人机信息,可以方便监管部门对"黑飞"进行核查。对于无人机销售商,也要求提交销售商个人信息以及企业营业执照。

3.7.5 地理围栏技术

地理围栏(也称电子围栏)技术是指对无人机进入的空域进行自动授权或限制。在政府严令对待之前,无人机制造商们已经开始想办法来解决这个问题。由于无人机通常是通过GPS进行定位的,如大疆创新科技有限公司即在其产品上加装软件GEO,设置了基于GPS信息的飞行自我拦截系统,在美国华盛顿、我国北京六环路以内、上海虹桥和浦东机场等区域都设置了禁飞区,这样就能防止无人机意外飞到受限制区域,如机场、军事设施、政府建筑物、监狱上空等。GEO系统软件还可以为无人机操作员提供实时的禁飞区信息,提示例如临时的大型体育、音乐会等活动现场区域。美国3DR无人机同样也在开发着类似的地理围栏技术。也有观点认为,鉴于这种方式基于网络的侦测和识别,所以也存在被破解的隐患。

目前美国国家航空航天局(NASA)的科学家们正在研究地理围栏技术来帮助无人机界定哪些地方可以进入,并管理和追踪无人机。地理围栏技术将包括禁止飞入和禁止飞出两种方式。传感器则能够帮助无人机识别并避免撞到障碍物。如果无人机能够自动化,则必须可以应对环境的变化,例如突如其来的大风或是浓雾。NASA表示,无人机还有多久才会真正进入人们的生活,还要看各种问题能否被顺利解决。NASA的科学家们把建立无人机管理系统分为四个阶段,目前他们刚刚完成了第一阶段的工作,美国联邦航空局在2016年初对其进行了测试。

3.7.6 无人机的发现和预警

反无人机的关建首先在于发现。用常规雷达很难找到微型无人机,但只要能发现,事情就变得简单了。

1. 雷达探测

目前美英两国的军工企业已在反无人机领域展开合作,美国API技术

3.7 无人机飞行技术管理

公司和英国布莱特监控系统公司正合作开发能在 8 km 内探测到小型无人机的多普勒雷达。

2. 拴定无人机系统

法国科技公司 elistair 搭建了 SAFE-T 和 HIGH-T 两座固定无人机地面站，无人机能在 50~100 m 的高空进行监控，其拴联电缆能实时传输数据并为无人机供电，使其具有不间断飞行的能力。近期法国民航局批准了 elistair 对拴定无人机的三次测试。这些栓定无人机用于监控戴高乐机场的领空，同时也可辅助校准勒布尔热机场的助航雷达。这个系统由 9 架飞行在不同高度的无人机组成，并与机场飞行控制塔台保持实时连接。

3. 无人机接近预警

2015 年美国弗吉尼亚州的 DroneShield 无人机制造商提供无人机接近预警服务，协助政府、公司和市民检测无人机。据称此项技术根据声学原理，将多个麦克风通过金属杆与传感器连接。外界的声音通过麦克风记录下来，并通过转换将这些声音与已知的无人机信号对比，当检测到无人机后，便可通过邮件或短信的方式告知用户。

4. 无人机地面探测系统

2015 年以色列航空工业公司 IAI 介绍了无人机地面探测系统，同时介绍的还有其他由 IAI 子公司已经开发出来的用于对抗小型遥控飞机技术、直升机以及四轴/多轴飞行器的技术。被称为无人机警卫的系统应对无人机有三种独立的解决方案，用于短期、中期和远期检测以及切断无人机飞行。此三种解决方案都使用 3D（方位角、仰角和范围）和 X 波段雷达的地杂波，去除和分离地面和空中的飞行器目标，以便探测低速低空飞行的机载小目标雷达截面。

5. 反制的无人机

2015 年法国 ECA 公司设计出一架专门反制的无人机，能够对"无赖无人机"进行追踪并锁定其操控员。一旦"无赖无人机"被探测到，这架 EC180 无人机就会对其进行追踪，能够找到操纵者，拍下其面部照片。据称技术已通过法国政府的两次测验，政府对其"完全满意"，因为在其周围 700 m 的半径范围内，它能够在一分钟之内发现并定位操控员。

6. 微波武器

俄罗斯联合仪器制造集团声称已将一种微波武器安装在"山毛榉"防空导弹发射车上，可在 10 km 范围内使无人机电子设备失灵。

7. 反无人机系统

空客公司（Airbus）研发的反无人机系统，采用红外摄像头和方向识别器来检测无人机，并评估是否会造成威胁。最远探测距离可达 10 km。若有无人机被认定是威胁对象，该系统则会干扰无人机与其操作员之间的联系，或者干扰无人机的导航系统。Airbus 表示该反无人机系统还可以追踪无人机操作员的位置，从而找到他。

8. 反无人机的预案和演习

美国每年一度的"黑色飞镖"系列演习始于 2002 年，最初主要用于秘密展示无人机性能。2010 年演习重点转移到"反无人机技术与武器系统"方面。2015 年 7 月 26 日至 8 月 7 日，美军在加利福尼亚州文图拉海军基地举行了"黑色飞镖 2015"演习，总共约有 55 个不同的反无人机系统在演习中得到测试。反无人机作战可以立足于使用目前很多成熟技术和武器，重要的是要在使用方式上进行创新。在 2015 年的演习中，参演部队动用的防御武器是 20 世纪 80 年代研制的"复仇者"野战防空系统，它配备 8 枚"毒刺"防空导弹和口径 12.7 mm 的高射机枪。另外，将一些现有的技术或武器在操作方式上稍做改变也能成为反无人机的利器。演习得到的经验，亦使军队积极研发新型武器系统。

3.7.7 捕获、摧毁和劫持技术

1. 无人机捕获

中国航天科工集团的"天网"拦截系统可以发射"导弹"，将闯入禁区的无人机击落。天网系统并未使用带有爆炸战斗部的导弹，采用的是软杀伤网式拦截技术，发现恶意侵入的无人机之后，通过发射一张特殊材质的网，将无人机网住并打下来，可对航空模型、动力三角翼、动力伞、风筝等低空慢速小型飞行器进行探测、预警、跟踪定位与高效拦截。2010 年广州亚运会以来，已经参加了多次重大活动的安保任务。

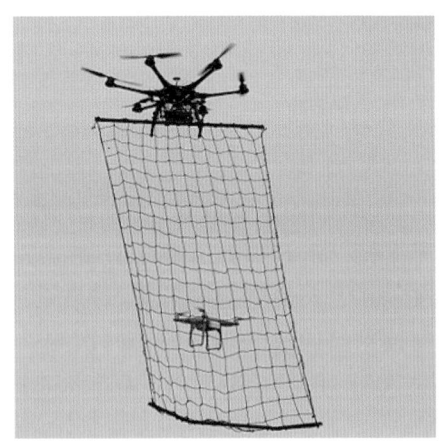

图 3-8　日本无人机捕获

随着日本民用航空法律修正案的生效，东京警视厅（MPD）组建了全日本第一个无人机舰队应对无人机安全漏洞。无人机舰队是 MPD 防暴队的一部分，配备携带罗网的无人机，巡逻重要政府机构。如果检测到任何可疑无人机，工作人员会警告无人机操作者，令其降落，如果拒绝执行，这些精英无人机会捕获肇事无人机。

2. 激光武器

激光武器被认为是拦截、击落无人机的最佳解决方案之一。与其他定向能武器类似，激光束聚焦能将目标烧穿，也可以通过损坏无人机的关键部件使其失能，而且激光发射成本低、射速快、操作灵活。

2015年11月上海的研究人员在《光学快报》双周刊上撰文称，他们创造了迄今为止最强大的激光，可以广泛应用于高科技武器等领域。在2013年的一次试验中，德国一种军用激光摧毁了2 km以外的一架无人机，最高输出功率仅为

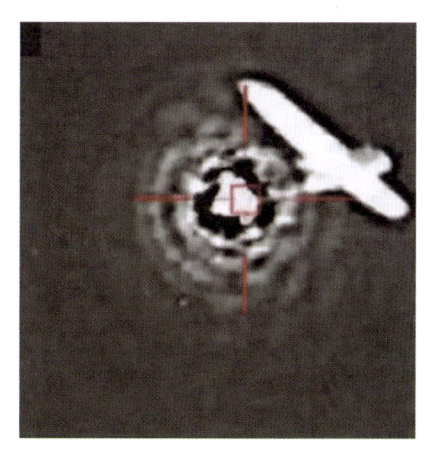

图3-9　激光击中无人机尾部

50 kw。相比之下，上海新研制的激光是它的200亿倍。报道称，由于这种强大的激光脉冲可在高频产生，所以它们可应用于破坏敌方无人机、飞机或战舰的光学或电磁感应器。

2015年8月27日，波音公司发布了其最新研制的"紧凑型激光武器系统"击落无人机的录像视频。据悉，使激光聚焦在无人机尾部是击毁无人机的较好方式。激光武器要烧穿目标，需要一定的时间积蓄热量，而无人机尾部易于瞄准。

韩国军方目前已经将反无人机激光系统的研制和部署列入日程。韩联社报道称，韩国国防事业厅已制定"光纤激光武器系统"的研制计划，该计划从2014年10月开始，将持续至2016年3月。一旦这种武器成功部署，韩军拦截无人机的准确率将大大提高。

3. 电子干扰破坏通信链路

通信链路是无人机系统操纵的主要途径，也是无人机的薄弱环节，因此无人机系统对电磁波干扰非常敏感。一旦受到干扰，就会导致产生错误的控制指令，致使无法执行任务，甚至可能失控坠机。

由于消费级无人机越来越多，导致在美国很多禁飞区和机场的上空都经常会遭到私人无人机的骚扰，据美国联邦航空局（FAA）的数据，每个月大约有100台左右的无人机光顾机场和一些禁飞区域。不得已FAA开始考虑部署无人机禁飞系统。这种禁飞系统可以发射强干扰的无线电波束来阻

断遥控，配上电子扫描雷达、红外和日光成像系统，可以监测到大约 10 km 以内的所有遥控飞行物。发射干扰波有两种模式，一种是短暂的无线电干扰，让遥控者感觉到飞机进入半失控状态然后迫降，这可以被看做是一种警告，如果无视警告继续飞行，那就会用第二种"锁死"模式，直接断掉遥控信道，强迫坠落。实测通过后，美国将会成为世界上第一个部署无人机禁飞系统的国家。

2015 年 11 月，美国俄亥俄州一家名为"巴特尔"（Battelle）的非盈利开发机构推出名为 Drone Defender 的反无人机设备。样品的外形酷似步枪，设备前端上部安装了 1 根白色的杆状天线。据称这种设备采用非破坏性技术，用户只需将其指向空中的无人机，扣下扳机，就可以将目标"击落"。据介绍，该设备对实时遥控型无人机或必须依靠 GPS 导航的无人机有效，打击范围约 400 m，整个过程很安全。

图 3-10 无线电反无人机装备

4 无人机系统的多行业应用

4.1 无人机应用概述

民用无人机应用需求非常广泛,绝不仅仅是航拍、送快递那么简单,这其中的遥感数据应用,可以给世界充分的畅想空间,它是最有希望用大数据重塑我们生活的产品。已经应用的领域包括环保、农业、电力、石油、抢险救灾、林业、气象、国土资源、警用、海洋渔业、水利、测绘、城市规划等行业,其他行业的潜在需求也将逐步显现,见表4-1。我国民用无人机市场空间巨大,已经进入快速发展期。

表4-1 我国民用无人机应用较多的行业和领域

应用行业	应用领域
环保、水保	环境评价与验收,水保方案制订与验收,环境管理督查,环水保监理、监测,自然保护区管理,珍稀动植物保护,其他
水利	流域测绘、规划设计,淹没区预警,工程监理,洪水和水土流失灾害评估等
国土资源	资源勘探,测绘、土地确权,滑坡、地震等灾害监测、评估等
农业	植保,农作物测产,土壤墒情、旱水灾情或病虫害监测、评估等
林业	植保,森林防火,灾情或病虫害监测、评估等
电力、石油	电力巡线,石油、天然气管道巡检等
公共安全	针对性巡逻,突发事件监控与处置,边境巡查等
交通	地形勘察,道路和桥梁监测等
城市规划	测绘、测量,进一步的后续设计等
海洋	海岸和海岛环境保护,海洋污染监测、评估等
新闻	常规报道采访,新闻突发事件等

4 无人机系统的多行业应用

根据无人机的功能特点，其应用领域可划分为"遥感应用"和"非遥感应用"两大类，见表4-2。前者以图视频及其后期处理功能为代表，后者以运载、数据中继等应用为代表。

表4-2 无人机应用分类

应用分类		应用领域
遥感应用	图视频	国土、交通、电力、公安、环保、水利、海洋、石油、城市规划、景观园林、农业、林业、气象、保险、执行监察、考古、旅游、新闻等
	测绘	低空遥感测量建立的各种比例尺的数字规划地图、数字正射影像图、数字地形模型等，是工程规划、设计、监理、验收、运行维护的基础资料
非遥感应用	运载	农业和林业植物保护、喷洒农药、电力架线、载具灭火、物流快递、公安等
	数据传输	无线数据中继站
	驱离	农业、环境保护等

4.2 无人机遥感的技术优势

4.2.1 无人机遥感的技术优势概述

随着我国经济建设迅猛发展，各地区的地貌发生巨大变迁，现有的航空遥感技术手段已无法适应社会发展的需要。以无人驾驶飞机为空中遥感平台的技术，能够较好地满足对航空遥感业务的需求，相比传统地面测量具有简便、高效、经济、准确等优势。无人机遥感技术可快速对地质环境信息和过时的 GIS 数据库进行更新、修正和升级。无人机遥感测绘和衍生应用范围十分广泛。

许多网站供应大量最新存档的各类影像产品：快鸟卫星（QuickBird）、WorldView-Ⅰ/Ⅱ/Ⅲ、GeoEye、普莱亚、SPOT5、航拍、高分一/二号的历史数据以及延伸服务，如数据纠正数字化处理服务，地形图调绘，DOM 制作，矢量化地形图、城市地图、地质图、土壤图等专题图制作，2.5D/3D 建模，农村土地调查等测绘项目。恰当的选择，将减少人工和财务成本支出。

相对于平面视角而言，遥感监测较高的空间视角无疑具有优势。小微型的多旋翼和固定翼无人机工作在近地面 200 m 左右的空间，近年来相关技术取得了跨越式的进步，适用性越来越广，越来越得到重视。UAS 新技术一方面取代了传统遥感的一些应用领域，同时也为创新应用打开了新的

4.2 无人机遥感的技术优势

空间。小型无人机为主力、卫星等技术取长补短,应该是对小区域、厂矿和建设中的工程进行遥感监管的可靠技术解决方案。

工程设计、监测、监理、监察、验收、运营等管理有多种手段,包括常规的现场勘测和遥感技术等。现场勘测如管中窥豹,很难在大尺度上充分了解整体情况;传统遥感一般是利用卫星、大型无人机进行。一则卫星遥感一般因为过境时间、过境轨道固定,不能够保证在某准确时刻经过研究区,不能及时提供所需资料;二则受限于云层等条件无法观察;其三是几乎不能对体积进行测量;再有就是相关费用较高,因此,以往的遥感技术有一定的局限性。UAS作为一种新型的航测手段,相对于传统的有人机航测和卫星遥感测量,具有明显的特点,主要优势和弱点见表4-3。

表4-3 UAS低空遥感摄影测量的特点

	优势	弱点
设备	(1)运输方便; (2)造价便宜; (3)飞行、人工和维护等各项使用成本低廉; (4)事故率低; (5)可搭载各类传感器,等等	
外业操作	(1)针对关心地区,定位选择性强; (2)能够很好地适应地形、云层等各种条件; (3)机动灵活,可以采集人所不及的高崖、陡坡等处的图像、视频数据; (4)工作速度快、获取周期短、效率高,等等	(1)姿态稳定性差; (2)恶劣天气情况作业受限制
产品	(1)空中宏观大尺度的视角,具有整体的勘察效果; (2)影像直观性强、分辨率高,无人机获取的高分辨率照片,能够更直观地反映地形地貌;通过对研究地区不同时期的遥感照片、遥感影像等作对比,能直观地反映各种地形地貌的变化; (3)时效性强; (4)产品包括三维模型、数字线划图DLG、正射影像DOM等结果,常用来提供1:500~1:10 000比例尺图文件; (5)软件支持能力强大,便于延伸应用。矢量图像经后续软件处理,成为三维地形模型等相关测绘成果,不仅可以通过GIS等软件轻松地掌握监测区域地形、地貌、地物和水系等变化情况,而且还能计算出各类用地的面积、植被覆盖度、建设项目挖方、填方数量及面积,弃土、弃石、弃渣量及堆放面积等,结合后期软件,直接形成各种格式的矢量文件,便于进一步规划设计	(1)影像排列不整齐,畸变大,像幅小、影像数量多; (2)尽管有相控点等辅助手段,无人机测量精度和准确度一般仍不及人工地面测绘; (3)大范围测绘难度大; (4)成果为数字地表模型,包含了植被等地物,并非裸露的原土石地面。除非更复杂的计算程序,否则不适合植被密集的地区; (5)软件运行需要严格保密的环境,容易泄密

4.2.2 无人机与其他测绘技术的比较优势

相比传统的遥感方法，无人机遥感具体有以下的优势。

1. 与卫星遥感比较

首先，无人机作业灵活。无人机可以低飞；对天气要求低，可飞天气多，可云下飞行；小面积也可以操作。

其次，无人机成像分辨率高，可达到 0.04 m 甚至更细致的分辨率。地面分辨率为 4 cm 的数字航片能分辨地面约 20 cm^2 物体的外形；分辨率航片 0.2 m 时，能分辨地面约 1 m^2 物体的外形；如果只需要较大地物及周边环境，如梯田、房屋、道路、大树等，而不需要标示更细微地物的话，4 cm 的数字航片可以制作较大比例尺的地形图，满足环保、水利、国土等规划甚至设计的需要。而一般卫星监测比例尺都较大，很难针对具体的建设项目或小尺度规划。国际分辨率最高的商用遥感卫星分辨率达到 0.31 m，而美国的军用光学成像侦察卫星"锁眼-12"可达到 0.1 m。

2. 与传统有人飞机比较

首先，无人机使用方便。有人机飞行高度在 3 000~4 000 m，对空中管制和气象条件要求非常苛刻；有人机要专用的跑道和转场，无人机则无需跑道，使用起来非常便利；无人机重量、体积优势更大。其次，无人机飞行审批手续简单。再者，无人机操作方便，安全可靠。自动航线规划自主飞行，无需专业飞机驾驶员。

3. 与传统人工测绘比较

首先，无人机机动灵活，无人机航空摄影的作业现场可以是人无法到达的危险地方。其次，无人机作业高能高效，一般几十个人工日的外业工作，无人机仅需要一个工作日，在高原峻岭等人迹罕至的环境，其效率显得更加出色。再有，无人机一次性调查的覆盖面积大，软件处理不需要人工拼合图片，避免过程中的错误。

4.3 国土行业

国土部门承担着保护与合理利用土地资源、矿产资源、海洋资源等自然资源的责任，包括土地确权、耕地、地质等的管理和及时准确提供全国土地利用各种数据的责任，以及承担地质灾害预防和治理的责任，等等。在其中科学、定量的数据管理方面，UAS 起到重要的辅助作用。

4.3 国土行业

4.3.1 UAS在矿产资源管理中的应用

1. 矿山测绘

【案例1】 为适应现代化矿山企业发展建设的形势,满足对煤矿规划和管理的需要,需要建立数字化的矿山信息。山西省煤炭工业厅资源地质局2013年对某煤矿进行了无人机遥感摄影测量。测区地处太行山中南段的山间盆地,植被覆盖率较高,有少量建筑物,东西长3 836 m,南北长2 363 m,总面积为8.91 km^2。参照测区地形条件、成图面积、形状规划及1:2 000成图比例尺等要求:设置航飞方向为南北方向,共设计8条航线,航向重叠度>65%,旁向重叠度>35%,航高1 224 m,分辨率为0.18 m,每条航线获取15张航片;地面共布设39个平高点相片控制点。顺利完成了包括数字线划图DLG、数字正射影像图DOM、数字化三维地形模型等测量成果。结果表明,无人机可以云下低空飞行,能够获取卫星和有人飞机无法得到的高分辨率影像数据,经后期处理的测绘成果,相对定向与绝对定向及加密中的各项限差均符合规定及设计要求。

2. 工程项目开发规划设计

【案例2】 2015年年底在江西省煤田地质局的积极配合下,全南县首次将无人机航拍技术应用于工程项目开发规划设计。土地整治项目分别是位于该县大吉山镇和陂头镇,其中大吉山镇项目区面积约为75.5 hm^2,陂头镇项目约为33.1 hm^2。通过利用无人机获取的影像数据,建立现状土地利用数据库,将对项目实施后进行评价提供依据,并为今后土地项目的规划、监管、验收等工作提供有力保障。

3. 矿山日常巡查监管

【案例3】 2015年南宁市采用无人机进行矿山日常巡查监管。矿山是否存在越层越界开采是日常监管的主要内容,以往主要靠监管人员到现场进行检查核实,辅以手持GPS进行简单测量。但在岩壁陡峭、开采面复杂、人员难以到达的区域,监管难度大,测量的准确度不高,从而影响矿山日常监管的权威性。为克服传统监管手段存在的不足,南宁市有关部门试点运用无人飞机进行矿山日常巡查监管,并于10月底在邕宁区蒲庙镇岜子山杨裕赞石场完成首次飞行监管,丰富了矿山日常监管的手段,增强了矿山监管的权威性,也为提高监管效率提供了坚强的技术支持。

4. 国土资源执法

【案例4】 2015年12月,江西省国土资源执法视频监控网建设现场会在龙南县召开。赣州稀土资源储量大、分布广,在这种国家战略资源矿区建设视频监控网,实现既"看得见",又"管得住",具有重要的战略意义和现实意义。便携高清、机动灵活的无人机系统,为获取目标区域实时视频资料提供了重要的技术支撑。

图 4-1　无人机辅助矿山管理

5. 矿业开发

信息化的进程将使矿业在过去与未来显现出根本的不同,而无人机就能够提供丰富的信息来帮助人们做出更好的决策。配备了摄像机或热成像仪的无人机能够检查矿业公司的机器及其他设备,相比专人驾驶直升机速度更快、成本更低。这些工作原本都是人力来完成的,不仅有安全隐患,而且耗费时间。

【案例5】　矿业巨头力拓集团已经开始使用无人机监管公司在西澳及昆士兰的铁矿石和煤炭业务。澳大利亚另一家铁矿业供应商FMG集团2014年也开始使用无人机,全球最大的矿业公司必和必拓(BHP Billiton)也同样使用无人机进行储备清点及地形勘探。

4.3.2　无人机土地遥感测绘

【案例6】　当地时间2014年12月23日,"极鹰一号"小型遥感无人机在距南极中山站10 km处成功起飞,1小时后携带500余张高清遥感照片着陆,标志着中国第31次南极科考队"南极地貌遥感调查"项目取得关键性进展。这是我国首次在南极地区使用无人机进行遥感测绘作业。

4.3.3 海域海岛无人机监测技术

无人机监视监测广泛应用于海域使用监测、海洋环境监测、海岛监测等领域，实现了面向海岸带、海域及远海岛礁的机动、灵活监视监测，解决了海域海岛无人机数据获取、远程传输一体化技术；建立了海域海岛监视监测数据快速处理方法，构建了海域动态监视监测系统，实现了区域建设用海规划、权属、入驻企业，违法用海监测，海洋环境监测等海域动态管理的业务信息的空间化，构建多源异构、持续运行的海域动态监视监测核心数据库。

【案例7】 2015年10月，"海域海岛无人机监视监测技术体系与应用"科技项目荣获国家测绘局"2015年度测绘科技进步二等奖"。该项目对江苏省21个区域规划实施及企业入驻情况，典型岸段的侵蚀及淤涨情况，以及全省近千千米海岸带、重点港口等进行高精度无人机遥感监测，飞行约80个架次，航拍面积达3 000 km²，实时掌握海域资源状况和海域使用情况，为海域的科学管理提供决策依据，为海域海岛管理部门编制海岛保护规划、开发利用岛屿资源提供了科学依据。

【案例8】 山东省威海等地利用UAS技术，通过遥感、通信和GIS软件等高新技术，实现自动化、智能化、专用化快速获取空间信息，达到对目标的精确测量，进一步完成数据处理、建模和应用分析，尝试对威海的海岸线、湿地、河流以及其他各种各样资源的实时监控，从而全面提升对空间的管理能力。

4.3.4 地质环境管理与应急测绘

【案例9】 公格尔九别峰海拔7 530 m，是西昆仑山脉上的第二高峰，冰川规模大，冰峰雪坡相互错落，雪崩频繁。2015年5月以来，位于克孜勒苏柯尔克孜自治州阿克陶县布伦口乡的公格尔九别峰北坡冰川发生快速下滑移动，致当地1.5万亩①夏秋草场消失，60余户牧民房屋受损。5月18日，中科院生态与地理研究所遥感与地理信息系统重点实验室迅速成立灾害应急小组，派遣无人机作业组赶赴事发区域，于5月21至23日在海拔3 400~7 000 m的灾害区域开展了无人机航空摄影测量作业，飞行测图总面积达18.2 km²，分辨率为20 cm。分析结果表明，公格尔九别峰北坡冰川左侧部分剧烈下滑，冰体破碎严重，没有留存冰面湖；右侧冰川近期相对稳定，在测图区内发现了109个冰面湖。灾区共有149处牧民房舍和畜舍，被移动冰川抬升完全破坏的房屋共有12处，主要分布在左侧冰川的左侧中部。

---

① 1亩=10 000/15 m²=666.6 m²。

根据影像资料，分析这次冰川地质灾害的原因是，冰川下滑遇阻导致左侧冰川的中下部剧烈抬升，使得原来低于冰渍岸的冰川高过岸边房子 70 多米，并向岸边倾倒，从冰川上方掉落的冰块和石块摧毁了部分建筑，同时抬高的冰川融化形成的水流，造成 3 处滑坡，导致了较严重的地质灾害事件。进一步的分析研究认为，由于当地气温升高，公格尔冰川造成地质灾害的可能性越来越大，形成大小冰湖溃坝的可能性也在增加，需要尽快建立监测与预警系统。

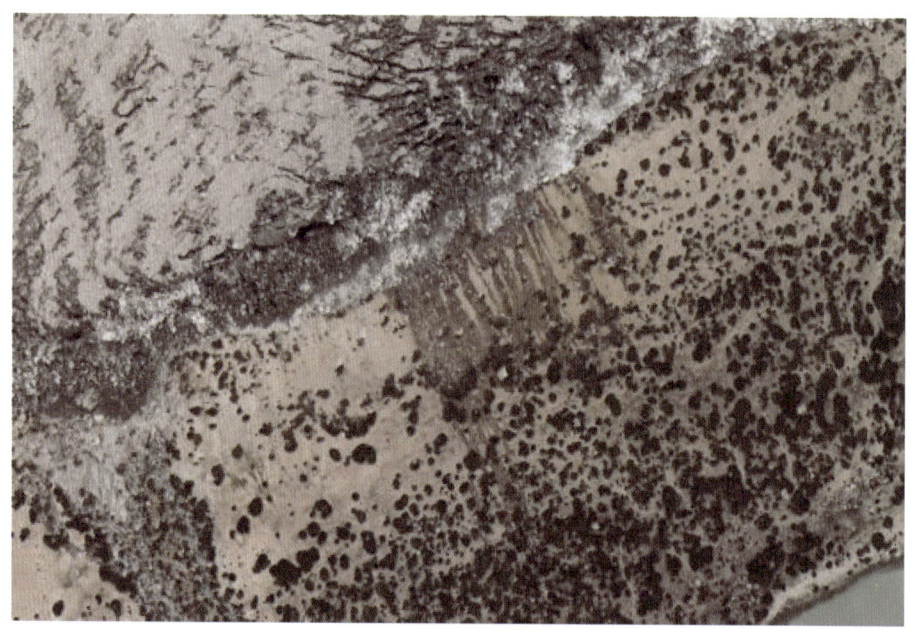

图 4-2　冰川滑坡示意图

【案例 10】塞尔维亚矿区洪灾应急测绘。2014 年 5 月，塞尔维亚遭遇了大规模的洪灾，淹没了 Kolubara 褐煤矿区的部分区域，政府部门急需对洪灾造成的损失进行评估，并希望通过对矿区的正射影像和数字地形模型的分析，找出最好的排水办法；还想规划出一条新的河道以改变现在的河道流向，预防将来再次遭遇洪灾。

此次测绘任务对传统的测绘方法提出了难以克服的挑战。如使用传统的 Lidar 激光雷达或全站仪，一个一个控制点进行测绘将会非常耗时，而且成本也会很高；卫星图像难以提供精度更高的数据；如使用移动测绘系统扫描，测绘地点中存在太多难以进入的区域。相比之后发现，使用无人机是最佳的解决办法。无人机遥感测量地面精度为 7 cm/px，设置了 25 个地面相控点，并用独立的 GPS 接收器测绘了其他一些地点。团队 3 名成员，进行了 2 期、共 6 次飞行，每期飞行为 3 次，每次飞行约 33 min，捕捉 180~250

张图像，覆盖了约 9 km² 的地区。

4.4 助力智慧交通

无人机系统助力智慧交通，是采用 UAS 的图视频和遥感技术，在各阶段采集原始数据，进行智能分析，建立数据库，辅助交通建设项目的设计、施工、运营智能交通系统 ITS 的全过程工作。

4.4.1 辅助交通工程项目设计

公铁路等交通建设项目，其带状地形图的勘测主要采用传统的全站仪、GPS RTK 测量和航空摄影测量法，需要大量人力、物力，在环境恶劣、地形复杂、建筑密集等地区，测量难度更大。无人机利用高空视角摄影，相关后期软件支持建立地形模型，在进行路线走向、桥隧和路基方案比选、服务区或观景台位置选址、景观效果表现时，数字化的三维模型为设计师提供了直观的、可以反复比较的技术解决方案。

小微型固定翼无人机系统携带方便，测绘效率高，虽然不特别精确，但对于不是精确设计的路桥港等工程可行性研究阶段是一柄利器。以西藏自治区为例，"十三五"期间几十个公路新、改、扩建项目，多在高海拔、空气稀薄、地形复杂、保障条件较差的地区，人工地面测量设计难度很大，这为无人机在工程规划和可行性研究阶段测量提供了很多机会。

1. 我国 UAS 辅助公路勘察设计案例

2014 年以来，我国无人机辅助公路勘察设计进入试验性应用阶段。对工程可行性研究阶段的设计线位比选和桥隧路基等局部方案比选，已经有所实践。

【案例 11】河南省某拟建公路测区以平原为主，海拔 44~58 m，地势由西南向东北略有倾斜。拟建公路为老路改扩建为二级公路，路基宽度 18 m，路线全长 46.34 km。测量区域为沿路线中线两侧各 1 km 宽度的带状区域，整个航测面积为 95 km²，地面分辨率设置为 9.6 cm。UAS 根据分辨率要求自动规划飞行航线，自主飞行，航高为 300 m，航向轴向重叠度 80%，旁向重叠 80%。作业共分为 5 个飞行任务、24 个架次，共采集了 8 417 张航片。获得测区内 1∶2 000 地形图，完全可以满足公路工程选线、工程预可行性研究、工程可行性研究的需求。相对于全外业测图和传统航测，大大提高了工作效率，并能获取了地面测量不能获得的空中正射影像。

【案例 12】2014 年云南省昆明公路部门使用 UAS 用于公路崩滑陡峭

地段测量分析，建立边坡地形模型，获取测区的 3D 数字信息，为公路维护管理提供及时有效的测绘资料。

图 4-3　公路隧道和挖方路堑比选

其他的应用，还包括 UAS 建立地形模型，用于进行隧道和大开挖路堑方案的比选、立交区选址、观景台设置选址等。目前我国无人机交通设计航测的应用还很少，事业发展将大有可为。

2. 土耳其首都安卡拉与伊兹密尔城市铁路案例

【案例 13】 土耳其国家铁路局需要测绘连接首都安卡拉（ANKARA）与伊兹密尔城市之间的走廊。工程部门将此条路线划分为三个大致相等的路段，与三家供应商签订了测绘合同，其中一个公司主要采用 eBee 无人机系统辅助测绘。

两个月里，在各种天气条件下，UAS 对平原、山丘与城市地区进行了测绘。如果使用传统测绘技术，基本无路的山区无论是驾车还是徒步都很难进入。使用无人机保质保量地

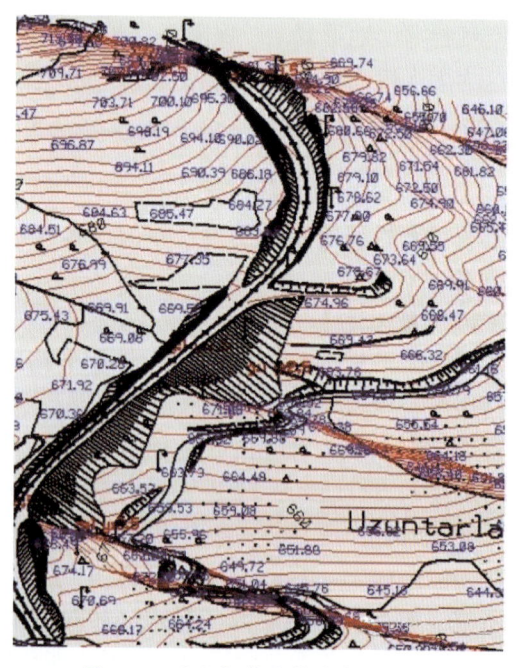

图 4-4　无人机辅助铁路地形测量

4.4 助力智慧交通

生成了相关区域的矢量数据。生成的点云可以让客户轻松识别和测量建筑物、道路、路灯、电力线、植被、铁路等。在土耳其矢量数据特别重要,因为土耳其没有国家地理信息系统,无法整合或添加之前的数据。

项目共设置了约 900 个地面相控点,4 人团队一共在外作业 60 天,10 位工程师进行数据处理,测绘平均分辨率达到 10~15 cm/px,项目共用了 3 个月。另外两家采用传统测绘方式的公司完成此项目各用了近 1 年,并无法提供正射影像图,点云与矢量数据精度也较低。

4.4.2 助力工程施工管理

无人机发挥高空、灵活的优势辅助监控建设项目的施工过程,简单方便,效果无可替代,已有很多具体应用案例。

【案例 14】 无人机辅助工程质量检测。2015 年 4 月无人机为鄂西高速特大桥体检。以往进行检测时,需人工攀爬至桥梁底。而采用无人机检测,不但提升了检测的精度,还提高了安全性、降低了成本。该无人机顶部装载 2 000 万像素的高清相机,传输画面可以发现发丝般细微的裂缝,一次检测全过程只需 10 min。

【案例 15】 云南省公路部门则利用无人机对国道 213 线项目施工期环境数据建立矢量模型,动态掌握弃土场土石方量,动态管理施工质量和环境保护。

图 4-5 无人机进行桥墩检测

对于山区泥石流、地震等地质病害多发地区的公路,利用无人机迅速了解灾情位置与规模,回传指挥部,制定应急方案,无疑是非常有力、可以依赖的技术手段。

【案例 16】 澳大利亚公路部门利用无人机建立了公路的全三维立体数

字化模型,包含了尽可能多的工程和环境数据。通过定期和不定期的巡查,完善相关数据库,跟踪邻近公路周边包括雨旱季土壤条件、植物覆盖度、动物迁徙等生态因子的变化情况。

图 4-6 无人机实时监控桥梁施工

下一步还可以借助无人机取得的影像资料和测量资料,建立施工期数据库进行更为科学的目标管理。

4.4.3 无人机系统助力智能交通系统

目前世界上大、中城市普遍存在道路拥堵和交通管理不善的顽疾,由此给一座特大城市造成的经济损失一天可能达上亿元。无人机参与城市交通管理能够发挥自己的专长和优势,辅助宏观规划,进行实况监视、交通流的调控,构建水陆空立体交管系统,实现区域管控,实施紧急救援。空对地视频交通监控以其直观、方便和价格低廉等特点,日益受到智能交通领域研究者的高度重视。

1. 智能交通系统

智能交通系统(Intelligent Transportation System,ITS),是综合的交通运输管理系统,它是将信息技术、数据通信传输技术、电子传感技术、控制技术及计算机技术等有效地集成,运用于整个地面交通管理系统而建立的一种在大范围内、全方位发挥作用的,实时、准确、高效的综合交通运输管理系统。

目前,美、日以及欧洲的一些国家基本上完成了ITS体系框架,在重

4.4 助力智慧交通

点发展领域大规模应用,是世界上智能交通系统开发应用的最好国家。智能交通系统的发展并不仅限于解决交通拥堵、交通事故、交通污染等问题。

2012年以来中国城市智能交通高速增长,包含智能公交、电子警察、交通信号控制、卡口、视频监控、出租车信息服务、客运枢纽信息化、GPS与警用系统、交通信息采集与发布以及交通指挥类平台等不断增加的细分行业。

随着传感器技术、通信技术、GIS技术、3S技术、计算机技术和当前无人机系统的不断发展,交通信息的采集经历了从人工采集、单一的磁性检测器到多源的多种采集方式组合的发展过程,不断满足ITS各子系统管理者、用户的需求。

2. UAS助力ITS的优势和应用领域

UAS助力ITS的具有高视角、高精度、高效率、便利和时长等诸多优势。无人机居高临下视角广阔,可以鸟瞰地面车流实况,有利于交管部门全面指挥和正确疏导。与载人直升机相比,无人机可以更接近关心事项,使观察更加清楚;无人机经过简单的电池换装即可反复起飞,在被锁定的目标区域,无人机非常适合承担长时间任务。与出动多辆警车执行任务相比较,无人机既能够飞行在道路、桥梁之上,又能穿行在高楼大厦之间,甚至可以穿过隧道,在没有固定摄像头、固定摄像头不能移动的地区,无人机可以移动、悬停、俯视全景,采集各类交通数据,有利于交通管理部门快速、高效地控制局面。无人机的地勤和机务准备时间短,可随时出动。工作中的大局视角可使无人机能够以较少的架数代替较多的地面警力完成同样的任务,有助于节省人力和降低勤务成本。在有毒有害、地震等恶劣环境中地面交通拥堵或瘫痪,执行如此的高危任务,无人机具有载人交通工具无可比拟的优势。

智能交通ITS的突出特点是以信息的收集、处理、发布、交换、分析、利用为主线,为交通参与者提供多样性的服务。

- 交通规划:无人机辅助建立数字地形模型,针对交通中的交通量、流向、停车场、综合交通换乘站衔接、立交区交通分流、应急保障预案等在交通规划时进行宏观分析与决策。
- 对地车辆的运动特性分析:低空无人机感知交通场景,检测出地面运动车辆等交通对象,并估计运动状况。
- 路况监测:使用无人机进行交通监控、实时交通信息的采集和发布具有很大潜力。无人机对特定地区的实时航拍,可以获取更大范围完整的车流数据,在需要时可下降进行抵近高清观察实况,统计分析交通状况,分析造成交通拥堵的原因。经过一段时间的连续监测,研究规律性,为交管部门进行交通的实时疏解提供依据。

● 交通事故现场处理：无人机可以在第一时间赶到，并且进行航拍、录音取证和交通疏导。2015年以来，公路尤其是高速公路的交通管理，全国各地的交通路政和公安交警部门大量采用了无人机即时监控手段，遇到交通堵塞、事故，交警无法靠近现场，或是场面较大而混乱时，无人机系统起到了很好的辅助调查作用。

● 在突发事件中，无人机可以高低空位置转换，搜索人员，空投急救药品、抢救伤员。

4.4.4　UAS的技术制约和可持续发展

由于相关技术制约，UAS助力ITS的部分工作暂时受制于瓶颈而难以深化。首先，UAS的测量精度还不能做到厘米级甚至毫米级别，对精确化需求支持不足；另外，UAS通过摄影测量生成的是带有植被等各种地物的地表模型DSM，对于需要没有地物、可见地面的DTM图像需求支持不足。以上技术现状和其他原因，UAS还难以满足精确的工程量、投资管理等ITS要求。

我国UAS助力ITS，将从以下几个重要的方面展开可持续发展。

● 无人机机体技术攻关，从机型、机体材料、动力系统等方面，开发更有针对性的无人机。

● 无人机图像采集技术，从无人机搭载的高清数字相机、夜间微光相机、红外相机、雷达等载具方面开发关键产品。

● 无人机图像融合技术攻关，无人机采集光学的影像数据后，需要开发后续矢量化的识别、统计等关键软件。

● 大数据管理关键技术攻关，采集的路面状况经矢量化纳入ITS数据库进行判断、处置、管理等。

● 未来建立专业化网络使得无人机可以在线使用，可以发挥出"无人机群"功能；为无人机标准化、通用化、系列化设计留有空间，能够根据需要进行升级，提高品质，增加功能。

● 开发无人机搭载无线网络中继站，应对突发环境的通信需求。

● 建立矢量化的交通环境模型平台工作，ITS的开始都是建立交通环境模型，进而作为所有大数据的基础平台。

● 智能交通在城市交通管理中产生并发展壮大，但无人机系统应用几乎还是空白；在更广大的乡村，UAS助力ITS的舞台更加广阔。

● 智能交通在公路交通管理应用较多，在水运港口等交通行业，UAS助力ITS，也还有很多工作要开展，具有较大的发展前途。

4.5 环境保护和水土保持

4.5.1 环保水保中的无人机技术发展和应用领域

2011年以后,无人机这种新兴的技术,开始应用在环水保工作中。北京水保生态工程咨询有限公司采用固定翼无人机航拍全部约150 km公路,获得两侧1km左右的高清平面影像,在水土保持验收时取得了直观、高清、普通地面巡查无可替代的勘察效果。交通运输部天津水运科学院2012年开始在环境评价中应用微型无人机,对避让村庄等路线选址做了比选。交通运输部环境保护中心一直跟踪无人机技术发展,并在2013年以后开始在机场、公路等项目,利用无人机勘察自然保护区鸟类分布、取土场选址等,进行了有说服力的比选评价。

2014年以后,UAS技术在环水保评价、验收等项目中应用逐渐开展起来。2015年可以称为无人机技术在环水保科研和咨询中大规模扩展应用的元年。环保部环境工程评估中心、水利部水土保持监测中心等技术评估单位,以及水土保持学会、中国环境影响评价协会等单位举办了十余场次的培训,大规模地普及无人机技术。交通运输部环境保护中心开展了十余期、千人次的宣传和技术培训,为UAS技术的应用扩散做出很大贡献。

图4-7 无人机应用培训

2015年,首届民用无人机系统管理研究论坛、中国无人机系统峰会在北京成功举办。与会领导、各个领域的专家和创业者对无人机的管理进行了研讨,会议演讲如"微型无人机在环境保护和水土保持中的应用"等,代表了大家对民用无人机发展前景的希望和热情。

2015年以来,环保部和各省环保主管部门开始将无人机用于环境管理,提高了管理水平、完善了执法手段,补充了人力的不足,取得大量的经验。截至2015年年底,约几十家院、所、公司开始尝试在环水保评价、设计中应用无人机技术。

近年来小微型无人机系统在环水保行政和技术管理中的应用越来越广,包括前期评价、规划设计、施工期监理监测、验收、运营期管理、行政管理等六个方面。

在建设项目前期的环境评价、水土保持方案评估中,UAS用于现场踏勘,可以了解敏感区(点)本身和周边的环境,包括地形地势、水系、植被、土壤等状况,进而比选建设方案和环境保护措施,等等。

在规划、设计和审查阶段,UAS采集数据、建立数字化模型,工程师依据地形、地势和地物、水系等基础资料,规划、设计项目的环境保护和水土保持措施,更加直观和可行。在主管单位的项目审查时,数字照片和影像、地形模型等,大大丰富了审查内容,为管理部门判断环境评价结论和环境保护措施的合理性,提出设计和管理优化方案打下了基础,提高了审查效率。

在施工期管理中,UAS可以监测自然环境和工程进展,针对性地提交面积、土石方体积、植被覆盖度、工程外观等的勘察和测量的成果,发现隐患,从而全面、及时、定量地把握工程环水保特性,控制环境不利影响。UAS应用将原来定性和半定量的环水保监理、监测提升到定量的新高度,大大提高了工作效率和成果水平。

进行环水保竣工验收时,无人机从高空容易发现隐藏的问题,使工作更加高效和全面,不留隐患。如在某公路的环保验收中,隐藏于山后的预制场扰动土地裸露,被无人机从高空发现和测量,进而方便地计算出面积和后续生态恢复的工程量。

在项目运行期,无人机可以有针对性地开展定期或随机的巡查,使生态环境保护、污染排放的时间、规模管理等,随时处于高效的监管之下。针对性对环境破坏等行为和现象进行取证并评估影响程度,UAS还可以辅助山水林田湖等敏感区的管理,调查污染事件等。在自然保护区管理中,无人机辅助监控、测量冰川、水体等环境变化、动植物分布等,对私采滥伐、乱排乱放、过牧、过度开荒等现象及时发现、处理;巡视、监测野生动植物保护区域的环境情况,研究野生动物的习性;发现对野生动植物栖息地存在干扰或破坏的现象,监控乱捕滥猎等行为,等等。

UAS还可应用于海岸带调查,如填海造地、水产养殖、海岸带变迁等情况,近海岛礁监测、船只、藻类、浮标等目标识别,以及海洋环境监测等。无人机遥感技术具有宏观、快速、实时、直观、动态和适用领域广等特点,能够捕捉到地表不易发现、难以识别的信息,成为研究大范围海岸线变化具独特优势的工具。

使用无人机加装采样载具,配置采样遥控装置,可采集水、空气等样本,这对于比较偏远,不方便到达的地方,可以节约成本,也能降低工作的安全风险。

4.5.2 无人机系统在环境评价、水保方案编制和审查中的应用

【案例17】 四川省某公路无人机辅助进行水土保持审查。公路填方路基需要选择取土场,在周边植物较多、通视条件不佳的环境中,采用无人机高飞勘察现场,专家在地面通过屏幕观看传回的实时图像,确定拟取土的小丘陵环境简单,可以作为推荐场址。同时,考考察了周边还有若干相似的小丘,没有更多的环境异质性,也可以作为取土场的备选场址。

【案例18】 拟建的新疆维吾尔自治区某机场以西3 km附近有一处以鸟类和湿地环境为主要保护对象的自然保护区,机场设计的进近场航线可能穿过自然保护区上空。为了解候鸟栖息的数量、分布和周边的山水林田湖环境整体情况,选择在初冬,采用无人机高飞,充分取得鸟类和周边环境信息,为从环境保护角度复核和比选航线的合理性,提出起飞、降落阶段避免撞鸟事故隐患的建议,提供了感性直观、有说服力的参考依据。

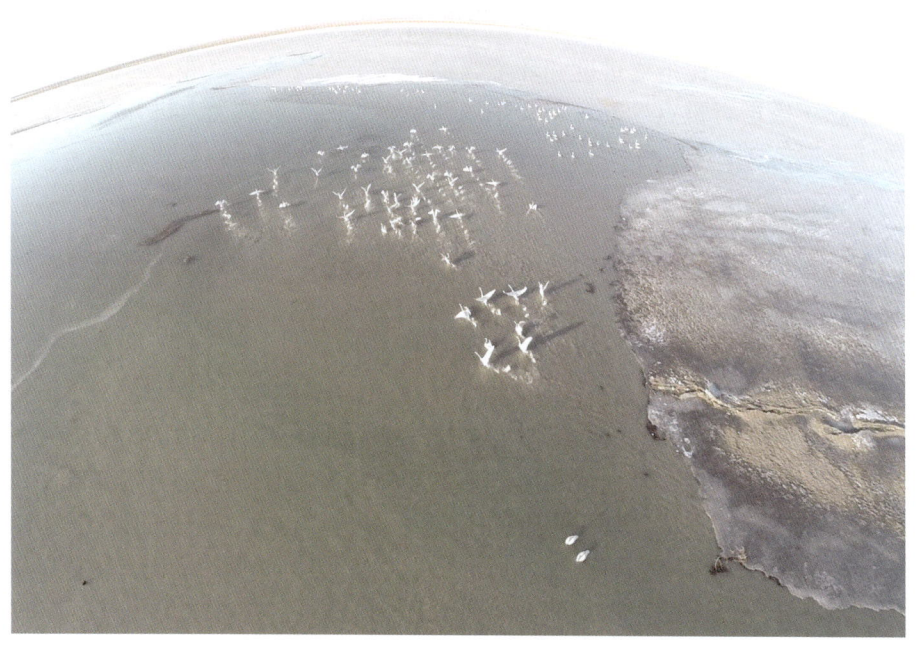

图4-8 航拍保护区环境概况

如果拟选交通干线距离村庄很近,环评中需要提出防止噪声等环境保护措施。在我国平原区的村庄规模一般较大,农村四旁绿化林木高大密集,这时利用无人机勘查就十分方便,可以取得即时的、高空视角整体的环境资料,提出公铁路选线避让建议,或是声屏障的位置、长度、高度等有针对性的环保措施。

【案例19】 在西非国家加纳建设由内陆向海边港口的输油管线,经过干旱的稀树荒漠草原,沿线不仅有大量乡土动植物,一旦破坏难以恢复,而且沿线也是野生动物迁徙的重要通道。在项目的环境影响研究中,采用无人机航拍,通过读图及现场勘查,研究需要重点保护的环境敏感区段,明确管线施工界限,论证环境保护措施,为今后监督施工进展、督促管沟回填、尽量恢复原地表、植被等生态状况,评估环境影响,进一步完善环境保护措施,留下全面的、可回顾的环境现状的本底资料。

4.5.3 环保水保监理、监测中无人机应用

一般可以采用全线航拍掌握线域工程情况,沿长轴线设计航线。飞行在150 m以上高度即可取得单侧400~800 m、两侧至少1~1.5 km的影像。设定数码相片分辨率1个像素点对应地面不大于7 cm时,可分辨30 cm以上物体的基本轮廓。

在施工期环水保咨询管理中,掌握建设中各个标段、各个阶段的环境变化情况,航拍作业的频次可以定为每月1~2次,土方作业施工期适当加密频次,便于对比工程进度和环境影响。除了全线飞行之外,还需要对环境敏感工区进行重点勘察,一般采用微型多(四)旋翼无人机开展工作,方便携带,灵活性更高。

1. 环境保护监理监测

【案例20】 图4-9所示的弃渣场的渣体规模较大,经无人机建模测量长×宽×高约为80 m×80 m×10 m=64 000 m^3,存在局部甚至较大的水土流失隐患。弃渣场下方应增加挡渣墙,坡顶、坡面增设截水沟,坡面需补充采取工程防护与林草恢复综合措施。

【案例21】 图4-10所示是一条约1 500 m长的临时便道通向桥梁施工作业区。主体工程交验前,环境监理工程师对该临时便道进行环保验收。由于便道隔着沟谷,监理工程师使用无人机进行航拍,发现便道几乎没有进行生态恢复,沿路还有几处垃圾堆积地。在我国农村环境中,缺少垃圾消纳场基础设施,没有恢复的临时便道竟然成为固体废弃物等污染扩散的通道。

4.5 环境保护和水土保持

图 4-9 堆渣场需要增加相关生态工程

图 4-10 发现临时便道遗留环境问题

2. 水土保持监理监测

根据《水土保持监测技术规程》(SL277—2002)、《水土保持遥感监测技术规范》(SL592—2012)的要求，流域和建设项目的水土保持监测应采取多种手段进行，包括遥感技术。遥感监测相对于平面视角而言，其较高空间视角无疑具有优势。但由于卫星、大型无人机受限于云层等条件，反应时间较长、费用也较高，在生产监测实践中很难作为可依靠的主要技术手段。一直以来，遥感监测主要依靠哪种载体、哪种技术来实现久未定论。近来随着无人机技术高速发展，无人机的作用越来越得到重视。

微轻型无人机方便、高效、准确，可以很好地适应地形、云层天气等各种条件。图视频采集后，经后续软件处理取得三维地形、等高线等数字化的测绘成果，不仅可以定位、勘察地形地貌，还可以方便地测量扰动土地面积、土石方体积,从而全面、及时、定量地把握工程水保特性。微轻型无人机系统为主力、卫星等技术取长补短,安排好年度、季节、雨季等监测周期,应该是针对建设项目进行水土保持遥感监测可靠的技术解决方案。

【案例22】 2013年在江苏省太湖流域走马塘拓浚延伸工程,沿线分布的近百座弃土场。建设单位采用微型固定翼无人机,在地面建立控制站,采集数据经后期软件处理后,全过程跟踪全线弃土场使用动态情况。

【案例23】 2013—2014年,中国电建集团成都勘测设计研究院有限公司开展了四川省内遂高速公路施工期水土保持监测,利用无人机拍摄,监测和对比水土流失情况和水土保持设施的实施效果。

【案例24】 2015年水利部利用UAS在大中型生产建设项目水土保持监管、国家级水土保持重点预防工程监管、水土保持动态监测等工作中开展了应用实践。在某铁路水土保持监测中,通过UAS进行现场情况摸底调查,开展项目建设区和直接影响区监管,重点完成了项目临时占地制梁场和弃渣场的无人机影像数值化,同时基于面积和堆体体积的遥测成果数据,提出整改意见。成果种类丰富,数据内容可靠。将水土保持工作提升到快速的、整体的定量化的水平,提高了水土保持监管信息化水平。

3. 北京新机场环水保监理工作计划和无人机应用

【案例25】 北京新机场是世界上在建规模最大的机场之一,工程面积约占地30 km^2,建设内容多、时间长。项目规划本期建设4条跑道,年旅客吞吐量7 200万人次、货邮吞吐量200万吨、飞机起降量63万架次;在西侧同步建设1条跑道替补原南苑机场跑道。新机场总投资约860亿元。按国家环境保护部(以下简称"国家环保部")的批复,工程主要包括机场工程、空管工程、供油工程等三个主要部分。

国家环保部《关于北京新机场项目环境影响报告书的批复》中,对施工期环境保护工作做了明确要求:"加强施工期环境管理。优化施工场地布置,严格控制作业范围。高噪声机械设备布设应远离环境敏感区,并采取隔声措施。施工废水和生活污水处理后回用,禁止随意排放。加强施工期扬尘控制,采取作业场所围挡、物料堆场遮盖、施工区域洒水等措施。禁止现场搅拌砂浆和混凝土,施工渣土运输必须覆盖,运输路线应避开居民集中区,运输车辆应定期清洗。对占用的基本农田表层土壤进行收集和保存,施工结束后用于土地平整和植被恢复……将生态保护与污染防治措施纳入施工承包合同中。加强施工期环境监测,开展工程环境监理,定期向当地环境保护行政主管部门提交环境监理报告。"另外,北京新机场位于永定河北岸故河道和洪泛区,附近原有地下水水源地,地下水渗透风险大,必须提高施工期的环境风险监控措施,监控油库区、加油站等重点区域的大面积防渗措施的施工。

4.5 环境保护和水土保持

新机场工程复杂，建设单位几百个，工点作业面上千处。受制于体制和现阶段人们的认识，环境监理资金投入相对较少，人力有限，很难实现面面俱到的环境监理。只能在新理念、高科技方面挖掘潜力。环境保护监理方案（建议）使用无人机提高工作效率，计划采用微型固定翼无人机，将定期监测和日常不定期巡查相结合，定期监测计划每 10~15 天飞行一次实现全覆盖，飞行高度 160~500 m 左右，航片分辨率不低于 10 cm，掌握工程进度及其环境影响的范围。

利用全工程区数字化的航片，建立数字地形模型，建立永久用地和临时用地数字化台账。对全线弃土场、预制场、开挖面等工程，通过航片判读所属施工标段、所属监理标段；统计工程中心点位置经纬度，占地面积及占用土地类型；建立工程全区的数字化用地台账，为环水保现场管理提供翔实的技术资料。

周期性掌握地表变化，监理表土利用和土石方动向。通过不同期航片对照，可在工程实施过程中的不同阶段提出相应的管理要求，采取针对性的措施。如在弃土场启用时，首先落实排水、拦挡措施；使用过程中集中堆置，不得随意倾倒。建筑基础、人工湿地等工程完成后，及时检查场地平整、复耕、复绿等措施实施效果。

在航测的基础上，针对性进行重点工点（工区）的现场核查，结合工程监理，加强对环保工程质量进度和费用的监理。

建立无人机环境监理数据库，积累历史全过程资料，工程通过水土保持设施竣工验收之前，通过 UAS 收集到的航片检查各环水保措施的落实情况，为环境责任倒查、回顾评价、环境保护竣工验收打下坚实的技术基础。

4.5.4 环境保护和水土保持竣工验收中无人机应用

公路环境保护和水土保持验收，需要看到沿线永久用地和临时用地的占用和恢复情况。一方面是掌握宏观的状况，另一方面在具体的地点细化观察。

【案例 26】 2011 年，北京水保生态工程咨询有限公司在水土保持验收中，采用固定翼无人机航拍全部约 150 km 公路，获得两侧 1 km 左右的高清平面影像，识别永久用地和周边临时用地的生态恢复效果，发现弃渣场等水土保持隐患。

对工程邻近的自然保护区，应全地域巡查，对照原植被、水系等分布，复核各项环境保护工程措施的效果，发现遗留未完成的生态等环境影响。不仅是保护区，由于投资和思想上重视程度不够，部分建设工程的环境保护工作存在"重永久、轻临时、重内部、轻周边"的现象，留下周边临时工程未进行生态恢复的不良环境影响。利用无人机辅助考察，便于发现问题的位置、规模、影响程度等,在工程环水保竣工验收之前督促解决,不留隐患。

【案例27】 某港口煤码头的环保验收中,场地面积大,使用无人机对煤码头进行勘察,整体了解防尘等环境保护现状。使用超微型多旋翼无人机飞行高度约50~60 m,全部4 km² 飞行约7分钟,部分代替了人工5~8小时的工作量,避免了在煤尘中穿行的职业卫生危害。勘察发现,运煤列车翻车机房设置了封闭仓(画面右侧);码头上散煤露天堆放,洒水喷淋能力有限;场地缺乏防尘网、覆盖网等硬件措施,难以防扬尘、防雨雪、防流失。如此的航拍画面整体感、现实感强,说服力胜于万语千言。码头现状距离"输煤不见煤"的"绿色煤炭港口"目标还有一定距离。

无人机调查的优势使其上升成执法的辅助手段。环境监察无人机作业方便、高效、准确、手段多,可以随时随地起飞,飞升到800~1 000 m的高空。这明显不是微型无人机,是由轻小型无人机、地面站等组成的UAS系统。根据任务的不同,无人机可搭载单反相机、红外成像仪、三维激光雷达、光电吊舱等多种机载设备,配合地面站、通信指挥车进行实时图像、视频、数据的传输和处理。利用无人机获取精确的地面工业企业排污影像数据,对重点督查区域开展无人机红外夜晚监测飞行,形成无人机环境执法全天候飞行和检查能力。

图4-11 煤码头环保验收航拍勘察

【案例28】 声屏障需要有足够的长度和高度,才能起到隔声效果。在环境保护竣工验收调查中,山区公路很难找到一个合适的角度拍摄声屏障

4.5 环境保护和水土保持

的效果全貌。使用无人机航拍,可以全面了解声屏障的环保效果,为准确测量计算工程量打下了基础。

4.5.5 环境保护和水土保持日常监督管理中的无人机应用

1. 无人机辅助执法

【案例29】 2014年环保部卫星环境应用中心配合环监局对大气污染重点区域开展了环境执法检查。先后对京津冀及周边工业区域进行无人机高空监测,成功组织大气污染防治督查行动、环保专项行动、APEC会议保障前期督查等大型无人机执法和环境大检查活动,对河北、山西、陕西、山东、河南、内蒙古自治区、天津市等地区的19个地区开展无人机检查飞行40余架次,

图4-12 无人机起飞勘察

巡查面积超过5 000 km^2,高空巡查各类大小工业企业600多家,共发现存在大气环境问题企业上百家。同时在无人机夜航飞行和红外监测方面取得技术突破,利用无人机搭载红外等专用载荷设备,成功在夜晚对钢铁、焦化、水泥等工业企业进行了高空暗查,获取了企业夜间违法偷排偷放证据。

【案例30】 2015年环境保护部环境监察局会同华北环境保护督查中心及卫星环境应用中心,在河北省邯郸市开展了卫星遥感和无人机航拍环境监察执法行动。行动中先后利用固定翼无人机和新型电动多旋翼无人机搭载红外任务载荷,对工业企业开展无人机夜查。暗查发现,河北省邯郸市峰峰矿区宝信钢铁集团下属合信钢铁公司的两台36 m^{2}烧结机暗藏在厂区内部。经现场核实,烧结机长期运行,配套脱硫设施未开启,烟气超标排放。宝信集团下属东信焦化公司地面除尘站长期夜间不运行,存在超标排放。夜间暗查还发现,武安市邯郸金华焦化有限公司地面除尘站未正常运行。针对督查中发现的问题,环境保护部检查人员要求企业立即改正违法行为,同时督促属地环保部门立即对相关企业违法行为立案查处,并依法追究责任。

今后环保部门将定制新型红外载荷,对重点督查区域开展常态化无人机红外夜晚监测飞行,强化大气排放重点企业夜间违法偷排偷放的监测,形成无人机环境执法全天候飞行和检查能力。同时研发集卫星影像数据、无人机航空数据、工业企业排污数据、环评数据及地面执法等数据于一体

的天空地一体化数据库,为全面掌握督察区域环境基本情况提供支持。进一步发展大数据技术,形成无人机遥感影像自动分类与解译、目标识别的能力,为现场执法人员提供及时可靠的分析结果。

图 4-13　无人机取证宝信钢铁集团超标排放

卫星中心与空军航管部门建立了良好合作关系,形成飞行前报送无人机空域使用申请、召开空域保障协调会议、确定作业方案制度等飞行空域申报工作流程。进一步完善空中飞行安全保障措施和特殊情况处置方案,提高飞行安全保障水平,建立长效、支撑业务化工作的空域保障机制。无人机在环境督查执法中的使用也为新《环境保护法》实施装上了"钢牙利齿"。

2. 无人机调查违法排污

【案例31】　杭州、桐庐两级环保部门在检查某食品公司时,现场道路泥泞难行,执法人员使用无人机飞到几十米的高空,从掌上屏幕清楚地看到传回的实时图像:工人们正在剥笋、蒸煮、装罐,脏水满地,一片狼藉,废水沉淀池出水管道多处破损,废水不断流入分水江……执法人员依据无人机影像,找到企业的排放口,经监测超标严重。《环境保护法》规定:"通过暗管、渗井、渗坑、灌注或者篡改、伪造监测数据,或者不正常运行防治污染设施等逃避监管的方式违反法律法规的规定排放污染物,环境保护主管部门可以依法实施查封、扣押。"环保工作人员依法将这家加工企业

4.5 环境保护和水土保持

当场查封。

3. 无人机航拍侦察危险废物

【案例32】 2015年1月25日,佛山市区两级环保部门联合"环保警察"在综合执法活动中,使用无人机对高明西安新庄村工业园进行航拍,发现有两家无牌照企业厂区里堆放了大量废旧化工桶,环保人员按图索骥找到"黑工厂"。最后,这宗涉刑案件成为佛山"环保法治年"里首宗启用无人机成功办结的环境污染刑事案件。

4. 无人机辅助环境和水土保持日常管理

利用无人机监测自然环境,可以定性和定量地了解如植被覆盖与生长状况、土地退化、沙漠演变等生态环境的变化情况;监测湖泊或近海由于富营养化等原因形成水华或赤潮,造成供水、渔业资源损害等危机发展和影响程度,等等。

【案例33】 2016年5—6月,水利部对全国30个省的坡耕地改梯田等水土流失综合治理项目重点工程检查,各个组全部使用无人机系统,包括无人机和工作站野外信息采集端、图视频后处理软件,及时形成航拍拼图,与全国水保信息系统数据库中的原设计措施的位置、措施类型、数据等进行对照,实现精准检查。

【案例34】 2015年10月,四川省水土保持生态环境监测总站在中科院成都山地灾害与环境研究所技术人员的配合下,对凉山州会理县鹿厂镇铜矿村(水土保持示范基地)石榴种植基地和会东县(全国烟叶生产第一大县)小坝乡山南村、新云乡春河村烟叶种植基地水土流失情况开展了无人机精准监测。

【案例35】 水利部牧科所研究黄河乌兰布和沙漠段越冬期下垫面变化对沿岸风沙运移机理影响,2015年利用无人机分米级别甚至更精确的位置识别能力,判别沙丘位移,评价植被等措施的水土保持效果。

【案例36】 在英国,每年由废弃食物所产生的气体达到2 100万吨,成为英国污染气体排放的主要来源之一。在曼彻斯特大学和英国环保局的共同努力下,无人机开展了垃圾填埋场上空的飞行实验,以检测食物垃圾所产生的气体。无人机由弹射器发射,搭载气体监测传感器,在垃圾场周围大约飞行20分钟。

【案例37】 对于比较偏远、不方便到达的地方,采用无人机取样可以节约不少成本,也能降低研究者的出行风险。美国商用无人机制造公司 Precision Hawk 最近研发出了一款可帮助生态学家或石油公司采集水样的无人机,以帮助他们进行生态研究或追踪石油泄漏情况。无人机携带的浮筒上安装一个水泵和储存箱,当无人机悬停在水面上时,就能通过水泵抽取一定量的水作为样本。

4.5.6 水土保持规划

【案例38】 在青藏高原地区利用无人机系统遥感技术进行水土保持规划。当地海拔4 200 m，空气稀薄。作业机型为瑞士eBee固定翼无人机；起飞点选择在半山腰，这是考虑到飞机手抛起飞初速度较低，需要先向下重力加速提高速度之后、再盘旋升高；沿规划航迹飞行和等距摄影平稳，获得了完整的系列影像照片。经PIX4D软件处理后获得三维地形模型，据此计算汇水面积、沟道流量，设计拦洪坝、消能坝、沉砂池等设施，规划了完整的水土保持和灾害防治体系。

在我国西南山区，山高坡陡，耕地资源有限，环境承载力较低，很多地方亟须摆脱陡坡开垦的恶性循环，而建设梯田是较好的解决方案。在地形地貌复杂、岩石嶙峋、凹地常见的环境中进行测绘，用常规人工的方法、以平视的角度，工作量之大难以想象。这时无人机可以充分发挥高空俯视、效率高的优势，建立数字化原始地形模型，为进一步规划水平等高线、梯田石坎、水源来龙去脉、道路等，并计算统计其工程量，打下了良好的基础。

4.5.7 环境和水土流失风险应急中无人机的应用

在风险应急中，无人机遥感技术具有的快速反应能力，可以为灾害的治理提供了及时、准确的数据。如果2008年作为无人机应急的初试，2013年雅安地震、2015年天津港爆炸、深圳弃渣场滑坡等事件中，无人机已被大量使用，不仅是官方的用户，很多民间组织、新闻单位都使用了自己的无人机航拍系统。我国民政部和中科院遥感所成立的Quickeye（快眼）应急空间信息服务中心，是我国无人机应急遥感应用的开创性尝试。

【案例39】 在2008年汶川大地震抗震救灾过程中，无人机体现出强大的应急性能，在救援工作千头万绪、力量有限、余震险情不断等条件下，无人机率先获取的青川、堰塞湖等地方遥感影像，在第一时间支持了抗震救灾工作。

【案例40】 2013年4月20日在四川省雅安市芦山县的地震应急中，国家基础地理信息中心在第一时间赶制出雅安地震灾区震后无人机航拍影像图，四川省测绘地理信息局、中国测绘科学研究院连夜对20日获取的宝盛、太平、龙门3乡镇低空无人机影像进行解译，在宝盛乡、太平镇、龙门乡附近初步判定滑坡203处、公路被堵57处。这些次生地质灾害点的发现，为震后次生地质灾害治理和抗震救灾工作开展，提供了重要参考。

【案例41】 2011年美国墨西哥湾钻井平台爆炸后，艾伦实验室公司的无人机参与了监控溢油扩散变化,动态评价应急反应措施的有效性,协助溢油处理等工作。

图 4-14　无人机航拍雅安地震

【案例 42】 在日本,减灾组织使用无人机携带高精度数码摄像机和雷达扫描仪对正在喷发的火山进行调查,无人机能抵达人们难以进入的地区快速获取现场实况,对灾情进行评估;辅助对不同埋藏深度辐射源的辐射强度的反应能力进行量化研究;为核电站及其他核设施的管理提供基础资料。

4.5.8　环水保专业化无人机系统市场

以环水保行业对无人机的需求发展为例,可以管中窥豹分析市场需求。2013 年我国有 34 个省级行政区,下辖 333 个地级行政区、2 853 个县级行政区(未计港澳台地区)。每个省、市、县级单位都有环保局,多数有环境监测站、环境监察大队、应急中心、环境工程评估中心等行政事业单位,以及环科院(所)、环境保护公司等,以及数量越来越多的环保组织、爱好者,约有 1.5 万~1.8 万有关单位和个人,考虑不同的应用目的以及备用、维修,其无人机需求应在 4 万~5 万台。水利行业的专业领域更多,除水土保持外,设计院、施工企业等对无人机的需求也越来越多。无人机加之专业化的后续软件和应用的二次开发,以及定期维护、保养、软件升级等持续费用,这将是一个至少数十亿元存量、每年几亿元再投入的专业化大市场。

目前的无人机产品分别具有环水保管理、科研等的一项或几项功能,如实现了背包便携、图像视频高清拍摄、图像即时监控、价格低廉等需求，结合后期软件，可充分满足环水保外业现场的一般需要。但几乎没有针对性的、性价比合理的专业无人机系统，需要进一步集成开发。

4.6 自然保护区和野生动植物研究

利用无人机调查自然保护区、野生动植物及其环境，在亚洲、非洲、加拿大、澳大利亚以及全球其他一些国家都有很多尝试。现在普遍认为，无人机在获取航拍图像以及视频的数据时十分高效，在很多情形下拍摄野生生物方面所能做的远远比普通人要好。研究者对未知或不熟悉的环境进行考察，无人机技术是获得全面的、第一手感性知识的好助手。

4.6.1 无人机辅助自然保护研究

1. 无人机辅助保护亚马逊雨林生态环境

【案例 43】 为了更好地保护辖区内 550 ft^2 的亚马逊雨林区，位于秘鲁的亚马逊流域保护协会（Amazon Basin Conservation Association）开始尝试使用无人机来搜查境内是否有人在亚马逊丛林从事非法伐木和开采。保护协会的工作人员会通过卫星图片分析出可能出现非法伐木和开采的地点，然后派出无人机飞往这些 GPS 坐标地点，并在云层下方停留进行观察以确定该地是否有非法伐木和开采的现象。同时，无人机实验室还正在尝试通过无人机进行观察亚马逊雨林的土地退化状况、测试空气中的二氧化碳含量等工作。

2. 无人机监测盗猎活动

【案例 44】 在野生动物资源丰富的非洲，无人机发挥了巨大的功用，这些"大鸟"正在被用来阻止盗猎野生动物。一个叫"空中牧羊人"（Air Shepherd）的机构正在用无人机监测盗猎活动。无人机监测区域面积之大，是护林员所不能及的。另外，通常护林员在白天作业，夜间巡逻较少，而几乎所有对大型动物的盗猎活动都发生在晚上。"空中牧羊人"的工作时间就是晚上。该机构用计算机软件分析数据库中以往盗猎案件发生的位置、时间、地形、天气、交通以及护林员数量和位置，推测需要重点监测的区域，安排飞行计划。一旦发现可疑情况，工作人员就会将疑似盗猎现场的准确位置发送出来，护林员火速出击，抓捕盗猎者。另外，项目专家也利用无人机摄录的包括动物、天气等在内的所有数据建立数据库，分析野生动物

4.6 自然保护区和野生动植物研究

图 4-15　亚马逊雨林区

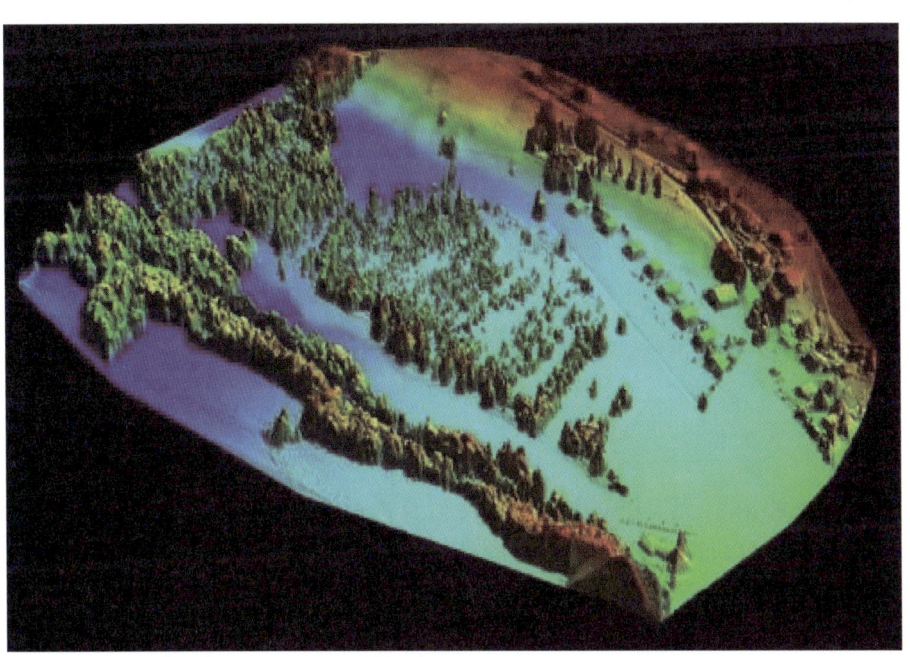

图 4-16　Forrenmoos 沼泽区数字化地形表面模型

的习性，为未来的野生动物保护提供数据支持。

3. 无人机测绘辅助生态系统重建

【案例 45】 泥炭沼泽里生活着一些特定的植物、动物等，很多种类只能在这种特殊的环境中生存。这样的生态系统十分独特，对于保持生物多样性具有重要意义。瑞士中部 Forrenmoos 的一处雨水大量沉积的沼泽，其中三个区域计划进行恢复重建，即通过对地形进行重建以积蓄更多的水，保证沼泽的生态健康。重建工作的关键是准确地理解地形、地貌与水文功能。研究者认为 5~10 cm 精度的地形模型是最理想的。但原来没有合适的数字化地形模型，如果采用传统的人力地面测量，会耗费很多的时间和经费成本。无人机对这处沼泽进行航空拍摄，研究者在后期将这些航空图像转化为 3D 数字表面模型（DSMs）。之后，将 3D 数字表面模型导入 Esri ArcGIS 软件，然后通过软件为重建项目其中的一个重建区设计了一个三级阶梯的地形。借助 3D 数字表面模型精确地规划出每级阶梯的高度，计算从沼泽的哪处运出泥炭修造新阶梯。此工作是为了保证重建工作前后泥炭总量不变，并且无其他物质混入、无泥炭剩余，也是为了将环境影响与污染降到最低。根据水文计算，关闭了原有的一个排水系统。在沼泽地形重建工作几月后的夏天，研究小组回到 Forrenmoos，发现这个项目已经呈现出规划所希望看到的状态，很明显这处沼泽现在非常潮湿并伴有洪水发生，蜻蜓在那里产卵，大量镖鲈在那里生活，重建取得了令人满意的结果。

eBee 测绘项目的各项数据见表 4-4。

表 4-4　Forrenmoos 沼泽 eBee 无人机测绘参数

测绘地点	1# 处为立即重建 2# 处为将来重建	飞行区面积	飞行 1&2（1 区）：0.23 km² 飞行 3&4（2 区）：0.35 km²
航次	2 次在 1# 区飞行 2 次在 2# 区飞行	外业人员	eBee 项目员工：3 名 Pro Natura 员工：1 名
测绘时间	半天	获取图像总数	1 061 张
正射影像精度	3.4 cm/px	DSM 精度	4.4 cm/px
载具相机	RGB 相机		

4. 无人机大数据研究使野生动物保护区调研自动化

【案例 46】 无人机获取航拍图像以及视频后，在航拍图像的解读方面，即使对于计算机而言，这些信息的处理也可能会很困难。数据分析则仍然是有待完善的一个环节。瑞士洛桑联邦理工学院的研究团队在纳米比亚的 Kuzikus 野生动物保护区，利用无人机调查野生动物的种群，包括鸵鸟、条纹羚羊、角马、斑马以及犀牛等动物，获取了大量的航拍遥感数据。然而在进一步的研究时，需要准确地辨识岩石、灌木丛和真正的动物。研究者花了大量精力对 26 000 张图片中的 98% 的图片进行了辨别处理，这些经鉴别的图像可以用于训练计算机的算法，从而用以今后自动识别类似的图像。倘若此类识别动物的算法能够得以完善，无人机就可以同计算机无缝协作，精确地处理所收集的所有数据，那么将大大减少人类的工作量，野生动物保护区调研工作就可以实现自动化。

4.6.2 无人机辅助野生动植物研究

1. 白头叶猴的研究和保护

广西崇左白头叶猴国家级自然保护区设立于 2012 年，主要保护对象为白头叶猴、黑叶猴等野生动物及其赖以生存的喀斯特地貌森林生态系统。这里生活着全世界独一无二的白头叶猴种群。白头叶猴的栖息地就是在喀斯特地貌之中，这里峰林直立、地形复杂、林灌茂密、湿热难耐、毒虫出没，科研环境十分艰苦，开展巡护、观测等工作相当困难。无人机恰恰部分解决了这一难题，它可以轻松翻山越岭、巡航周边稻田、湿地，能从高空视角快速地为生态科研监测提供了宝贵的、最真实的第一手影像资料。无人机辅助地形建模后，还可以更方便、直观地和周边村民共同探索环境保护、辅助管理部门相关决策。

【案例 47】 2015 年 6 月，保护区尝试以微型无人机近距离观察白头叶猴。刚开始白头叶猴听到螺旋桨高速转动嗡嗡的声音时，母猴和小猴们纷

图 4-17 白头叶猴及其栖息地

纷四散,只有勇敢的猴王敢于面对、观察这个新生事物。调查者们认为,以后白头叶猴家族都可以熟悉和适应无人机。无人机接近白头叶猴野外自然栖息地,观察白头叶猴的生存状态,白头叶猴不再是仰头观望、距人遥远的动物,而是近距离的朋友。

2. 青藏高原动物迁徙和分布研究

【案例48】2016年7月,交通运输部天津水运科学研究院环保中心无人机团队受邀参加了由西藏自治区林业厅、中央电视台、西北濒危动物研究所联合组织的为期一个月的"2016年我们与藏羚羊"科考和央视节目录制活动。团队利用固定翼无人机航测技术,对西藏羌塘国家级自然保护区藏羚羊迁徙过程进行了十余航次的野生动物跟踪航拍,这是我国首次无人机在大型野外科考调查中的应用案例。针对藏羚羊警惕性高、人员无法靠近观测的难点,无人机将相机带到藏羚羊活动的上空俯瞰观测,更准确、无干扰地获得其种群密度、数量和年龄结构等基础数据,有助于深入开展藏羚羊种群研究和保护。在藏羚羊专家吴晓民研究员的合作指导下,无人机团队圆满地完成了此次任务。

3. 鸟类栖息行为研究

白天鸟类分散活动,夜间某些种类有集群栖息的行为,共同抵御天敌的袭击。在夜间环境中发现鸟类对研究其栖息特点具有重要的生态学意义。但相对于漆黑的夜色、敏锐的鸟类应激反应而言,这无疑十分困难。

鸟类是恒温动物,快速、剧烈的飞行活动,进化出与之协同的较高体温,保证了机体旺盛的新陈代谢。鸟类飞行时体温约为42℃,停歇时在40℃左右。而环境、尤其是夜间环境的气温、植物、睡眠的温度一般较低。这样,如果可以制作一张环境中的"温度地图",就可分辨出鸟类的分布和数量。

【案例49】固定翼无人机航高200 m,极轻微的螺旋桨噪声传播到地面,在虫鸣、风声等背景噪声中可以忽略,这样就把对鸟类的影响降到了最低。敏感的红外热成像相机,可以识别1℃之内的温差,制作出较精确的温度地图。这样的实验,将在我国云南黑颈鹤保护区等地进行科学尝试。

4. 海鸟栖息迁徙形态研究

使用无人机观察偏远地带的鸟类和其他动物的活动,使研究者有可能更高效、更全面地了解栖息地及其周边山水林田等环境状况;可以进行鸟类种群的定量分析、鸟群聚集时内部的分布规律研究,得出种群生态学和生态系统生态学等诸多结论。使用无人机观察偏远地带的鸟类和其他动物的活动,具有明显的技术优势,成果令人感到新技术带来的欣喜。

【案例50】澳大利亚研究人员使用无人机进行了极地和热带鸟类的研

究。在澳大利亚遥远的西北、印度洋上的阿什莫尔岛人迹罕至。如果常规登岛近距离地接近鸟群,鸟群有时会被惊扰,研究人员难以获得正常的观察结果。无人机高高在上的飞行高度,一点也不会对鸟群造成惊扰,无人机拍摄到正在栖息的军舰鸟和凤头燕鸥的高清影像。另外,在对南极洲附近麦夸里岛的帝企鹅栖息地的研究中,研究人员清点了每张图片上的企鹅数量。

图 4-18 无人机辅助进行鸟类种群和栖息地的生态学研究

4.7 水利工程行业

我国是一个水资源分配不均、人均水资源贫乏的国家。水资源的开发利用和保护问题,随着人口增长和经济发展而日益突出。无人机可以辅助进行防汛抗旱、水资源调查和数据库建设,以及水利工程的环境评价、水土保持、设计、施工、质量和安全监理等工作。

在防汛抢险中,无人机可以克服交通等不利条件快速赶到出险地空域,以高空全面的视角查看险区地形地貌,获得水库、堤防险工险段的实时信息,同时保护了危险环境中的勘察人员安全。根据实时传递影像等信息,相关的部门可以监视险情发展,对突发情况了解更加全面、反应更加迅速、人员协调更加充分、决策更加有据。

利用无人机低空遥感技术进行水资源调查,不仅速度快、效率高,节省人力、物力、财力,更重要的是数字化成果准确,并与数据库相结合,形成水域动态监测成果。掌握河流水系及其流域面积的准确数据是水资源开发利用的基础。利用无人机低空遥感技术进行水资源图像采集之后,采用计算机地理信息技术辅之以实地复核和目视解译,逐步建立和完善的分布、权属、类型、面积、淹没线高程、水量等信息库,可以更好地实现水域资源信息的定量化、数字化。在数据库的基础上,可以监测水域变化、非法水域占用等情况，为科学预测和执法工作提供支持。利用数据库还可以辅助水利规划、航道开发研究等，满足经济社会发展及水域资源管理的需要。

【案例51】 在西北某水库日常管理中，近年水热条件不均，库区水位的年度变化较大，淹没线有时造成周边土质坡地坍塌，水土流失，淤塞库容。考虑到库区面积大、边坡陡险，采用无人机建立数据库，跟踪季度、年度水位变化，达到了事半功倍的效果。

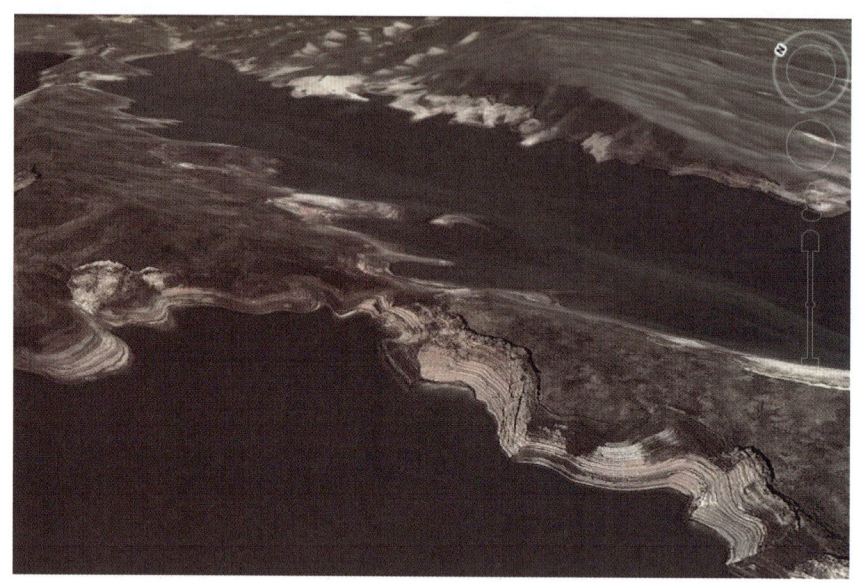

图4-19 水库岸线库容动态调查

无人机遥感在水利工程建设与管理中，在建设的环境影响评价、设计、施工、工程质量和安全监理等方面，UAS以宏观微观结合、高清影像、高精度GPS定位支持三维立体模型建立等技术优势，发挥特殊的作用。

【案例52】 2014年11月，中国水电集团华东勘测设计院无人机项目组在白鹤滩水电站利用旋翼无人机，重点收集了白鹤滩坝址施工区及部分库区低空影像、视频数据，无人机还为库区移民等工作提供了葫芦口黑水河、金塘以礼河、格勒小江流域三个区域的全景高清影像。

在水土保持规划、水土保持方案和施工的监理监测中，无人机发挥着越来越大的作用。2015年，松辽流域水保监测中心站开展了无人机应用研究，在水土保持监管、监测领域取得了一系列经验。

4.8 农林行业

图 4-20 无人机引江济汉工程航拍

图 4-21 无人机水坝施工检测

4.8 农林行业

农林行业是民用无人机最大市场之一，包括资源调查、农林规划设计、环境动态监测、病虫害监测和防治、测产、森林火险预警、人工增雨等应用领域。

我国 2004 年开始由科技部 863 计划、农业部南京农机化所等开始植保无人机的研究和推广，2007 年开始无人机产业化探索，2010 年第一架商用无人机交付市场，掀开了中国植保无人机产业化的序幕。至今采用无人机

4 无人机系统的多行业应用

进行植保等农林业管理已成为一个不断发展、成熟的市场。

4.8.1 农业植保无人机应用

植保无人机最吸引人的地方就是效率。以起飞载重 14 kg 的无人机为例，20 亩农田喷洒农药 15 分钟左右便可以完毕，日喷防面积在 300～500 亩。而依靠人力喷雾器，每天仅作业 10 余亩，即使是地面植保机械中效率最高的高架喷雾器，无人机的效率也是其作业效率的 6～8 倍。同时无人机作业还有节约 50% 的农药使用量、90% 的用水量的潜力，人们远距离遥控无人机，避免了作业人员暴露于农药环境的危险。

图 4-22 无人机喷洒农药

经过 30 年来的发展，农业植保无人机应用已比较成熟。日本植保无人机已经使用 20 多年，目前登记在册的田间作业无人机 2 346 架，操作人员 14 163 人，防治面积 96.3×10^4 hm^2，无人机施药已占总施药面积的 50% 以上。美国无人机主要是精准农业航空遥感技术，并且农药喷洒已进入尝试阶段，2014 年全国农用飞机 4 000 多架，年处理耕地面积超过 120×10^6 hm^2，占总耕地面积的 50% 以上，全美 65% 的化学农药采用飞机作业完成喷洒，其中水稻施药作业 100% 采用航空作业方式。NASA 也在开发无人机"低空交通管理系统"，有望很快应用于农业。无人机生产商 Skycatch，主要做建造业、矿业、太阳能行业以及农业的数据采集。其他创新应用包括蜜蜂大小的无人机对花朵进行授粉，等等。除此之外，南非、澳大利亚、智利、阿根廷、巴西等国家都已经将无人机应用于农业植保作业。

根据 2016 首届中国农用无人机创新论坛的统计，截至 2015 年 12 月，中国无人机研发生产企业已超过 400 家，其中，生产植保无人机的企业超过 100 家。我国植保无人机保有量已达 2 324 架，总作业面积约 1 152.8 万亩次。我国农业有害生物年发生面积约 70 多亿亩次，防治面积达 86 亿亩次，其中 90% 以上的防治依靠农药来完成。在这一领域，无人机将发挥巨大作用。

4.8.2 林业植保无人机应用

长期以来,林业有害生物人工监测调查存在山高林密、面积大、地形复杂,人员不足等困难,林业有害生物呈现传播速度快、防控难度大、发生面积广、危害大、容易复发的态势。利用无人机精准作业、高效环保、操作简单、智能化等技术特点,尤其适合对高山、远山、较大范围及人工监测成本较高地区的林地开展监测和防治,改变了传统防治方法成本高、耗时长、见效慢等问题。在森林病虫害发展方面,无人机应用近两三年来开始起步,并迅速推广。以下介绍几个典型案例。

【案例53】 2014年夏季,云南省林业有害生物防治检疫局在石林地区开展了无人机辅助林业有害生物普查。一共飞行4架次,拍摄了60余万亩林地生长状况的高分辨率航片,数据处理后形成了50.8万亩的数字正射影像图,并使用分析软件对影像进行了匀光匀色、去雾、疑似点标定及显示,方便后续进行地面详查。云南山高坡陡,监测员到达现场十分困难,此次试飞成功后,总结经验,将在全省较复杂山区开展无人机监测林业有害生物作业。

【案例54】 2014年夏季,浙江省林业有害生物防治检疫局首次利用无人飞机空中监测技术,在富阳地区试点开展松材线虫病秋季疫情普查。监测共计飞行12次,飞行时间411分钟,获得成果数据13份,采集林地影像数据面积10万亩。利用后续数字图像处理技术分析,判断有548亩松林发现枯死松树。下一步,浙江省将计划采用政府购买服务等方式,加快建立地面与空中监测相结合的立体监测模式,全面提高对灾害的监测预警水平。

【案例55】 2015年10月湖南省靖州县林业局组织相关技术人员和部分林业种植大户,现场体验无人机喷雾防治林业有害生物。无人机在距离树梢顶端2~3 m左右开展低空飞行,利用6个旋翼产生向下的压力,使杨梅树喷雾受药更均匀彻底。单次飞行喷雾作业约防治面积20余亩,每亩喷洒费25元左右,实现高效、快速、低成本的防治林业有害生物的目的。

【案例56】 2016年江西省首次飞防柑橘黄龙病的传播媒介——柑橘木虱。应用直升机、无人机防治柑橘木虱,是遏制黄龙病发生蔓延的一项关键措施。

4.8.3 植保无人机的可持续发展

1. 产业发展

植保无人机率先初步形成了工业规模的市场,其原因既有政策方面的,也有人口结构变化方面的。从农业政策方面来看,2014年11月国务院印发《关于引导农村土地经营权有序流转发展农业适度规模经营的意见》,土地流转进度加速，农业合作社、农场等形式的规模化种植正在形成。同时农村青壮年劳动力逐渐稀缺，人力成本日益增加，且农药对人体伤害较大。2015年2月农业部印发《制定2020年农药使用量零增长行动方案》，要求淘汰传统喷洒工具，推进主要农作物生产全程机械化作业，2016年全国500个县进行试点。中央补贴政策出台后，河南、福建、山东、江苏、浙江等省份开始推行省内补贴试点，预计2016年起，安徽、广东、云南、东北三省等省份会将农用无人机纳入补贴名单。例如河南省财政列出专项资金给予购机补贴，农民或农民专业合作组织购置农用无人机将享受1/3省财政专项资金补贴和1/3农机购置补贴。

农业"十三五"规划主攻农业现代化。全国20.27亿亩耕地，2013年农作物病虫草鼠发生面积73亿亩次。按每亩收费15~20元、全国农作物有害生物防治面积33%计算，年植保服务费361亿~482亿元。还有公司更乐观地预计我国无人机植保服务市场年规模高达600亿元。从无人机生产来看，按照中、日年农药使用量进行测算，中国如果达到日本目前植保无人机的普及率和使用频次，年更新量约为30 000架，植保无人机价格按30万元/架测算，年市场规模可达90亿元。正因为市场足够大，加上政策激励，今年以来，新安股份、芭田股份和隆鑫通用等涉农上市公司进入植保服务市场。深圳大疆也从消费机转而研发工业级的植保机，未来将出现一些行业巨头。

目前植保机市场刚刚兴起，未来可能有以下发展模式。

① "产品+服务"模式。无人机植保是新兴行业，目前市场刚进入导入期，对无人机和服务都有较多的需求，厂商一方面生产无人机产品，另一方面结合自己的产品特点提供服务。农户不仅可以省去购买和维护无人机的费用，还可以避免使用无人机过程中遇到的技术和操作问题。这种"一站式"的服务需要拥有完善和强大的团队。极飞智控2013年开始赴新疆维吾尔自治区考察，两年多时间建设了500多人的服务团队，作业面积56万亩。北方天途航空技术发展有限公司，是国内领先的一家从事工业无人机创新、研发、制造、营销、科普、培训与飞行服务的国家级高新技术企业，在植保无人机领域处于行业的领先地位。据统计2015年我国植保无人机不超过3 000台，无人机飞防面积1 152.8万亩。同期天途植保无人机出货量达1 000多台，产值数千万元，直达服务遍及31个省市自治区，几乎占到产品和服务的半壁江山。植保无人机不仅在国内风生水起，还远销美国、墨西哥、新西兰、印度、秘鲁、保加利亚、吉尔吉斯斯坦、乌干达等十多个国家和地区。

② 直接售卖无人机或专业生产飞机控制器。一些国内体量较大的厂商，如"零度"等选择从事专业的无人机研发和制造，不提供相关的植保服务，避免了团队建设方面的投入。也有创新公司瞄准植保无人机最有竞争力的部分，专业研发、生产核心部件以形成自己的专业化优势。在研发植保机飞控方面，着力于恶劣条件下的高精度导航、自主起飞降落、轨迹规划、

云台控制、喷头流量控制等功能,如针对无人机速度快慢自动控制喷洒流量的设计,可以将农药使用量从传统的 15 kg/亩降低到 0.5 kg/亩。

2. 需要克服的问题

一是创新、提高核心技术。植保无人机使用农药喷洒系统,飞控整体控制速度、转向,机载载具系统将喷头、管路、阀门、药箱合理地连接,并根据旋翼下旋气流场边界来确定扇形雾化喷头的安装位置,避免无人机旋翼对喷头雾化产生的卷扬影响,使药液定向沉积到靶标上,提高农药利用率。目前,国内绝大多数无人机企业都是组装厂商。国内 200 家左右无人机生产企业中,拥有核心技术的不到 10 家。我国无人机工业级别的飞行控制器开发能力弱,开发高效、大容量的载具一体化集成创新不足,电池续航能力差,这些是制约植保无人机的主要因素。

二是消费有待激发、价格不振。受消费机普及的影响,市场对植保机的销售价格较为敏感,以至于影响了高性能植保机的发展。目前,市场对电动植保机的接受价格在 12 万元以下。而植保机在田间作业如果增加避障等功能,则需要增加几万元的成本,受价格所困,最终难以提高性能。

三是植保服务市场竞争将愈演愈烈,大浪淘沙不可避免。目前植保市场无人机服务的一般价格为:普通大田作物 15 元/亩,经济作物、果树等收费 20~30 元/亩。现在市场还没真正形成,但从长远来看,行业洗牌是必然的。

四是法律法规的不确定性。国内无人机管理还比较混乱,安全问题和"黑飞"一直被社会所担心。国家将出台专门的规定,管理的加强势必对行业产生影响。

4.8.4 UAS 进行农情调查

无人机农业测产。无人机搭载特殊的红外相机,利用作物反射光谱的不同,可以区别农作物的长势、产量等情形的差别。

【案例 57】陕西省采用无人机辅助进行第三次全国农业普查。UAS 高科技测量技术的综合运用,特别是实时影像的传输,使得地里种的是小麦还是韭菜,在办公室就能看得一清二楚。特别是陕北陕南的山脉沟壑地带等人力难以详尽勘测的地方,无人机航拍取得影像数据具有明显的优势。

图 4-23 RGB 与红外图像合成的影像图

4 无人机系统的多行业应用

【案例58】在2015年南非的一个花生农场,技术人员使用eBee无人机,先后搭载RGB相机和红外相机,整合出一个既有RGB图像、又有红外图像的影像,应用NDVIRE索引法则(归一化植被指数的红外版本):绿色代表健康植物,黄色表明植物有病虫害,深蓝色为没有植被的区域(道路、排水系统等)进行分析。虽然地图本身并不能确定植物们正遭遇什么问题,但通过地图将知道农作物是否遭遇了问题,并知道遭遇问题的农作物的具体位置以及范围,节省了农民在了解大田作物问题的时间。例如,在花生地的项目中,农民使用影像地图锁定了花生地的几处需要实地查看的地方,实地调查后发现问题缘于水灾,以及附近的动物吃掉了农作物。

4.8.5 UAS在森林消防领域的运用

2016年3月国家林业局召开全国春季农业生产暨森林草原防火工作会议,要求全面加强森林防火工作,全力维护森林资源安全和国家生态安全。要求提升防控能力,加强林区基础设施和防火应急道路建设,其中明确提出了增加无人机在森林防火上的应用。

图4-24 无人机可接近和整体观察森林火灾

在我国林业防火工作中,以往侦查火情主要靠人力。引入无人机系统可以通过搭载不同的任务载荷在林区巡护、提高森林防火勘察范围,对一些林区死角能够进行及时监测与布控,实现快速定位火点、确定火情,解决了地面巡护无法顾及偏远地区发生林火的问题,同时还能保证巡护人员的

4.8 农林行业

在位情况以及对重大森林火灾现场的各种动态信息的准确把握和及时了解，可以为消防部队提供最佳撤离路径。与传统的消防方式相比，UAS具有机动灵活、视野全面、功能丰富、安全可靠等特点。无人机在专网通信方面也越来越受到重视，可以与对讲机、互联网、卫星通信等通信手段相配合，实现多媒体通信保障。此外，无人机还特别适合森林防火作业中的人工增雨。

最近媒体报道，在全国各地无人机森林消防领域的运用已成燎原之势。

【案例59】 作为国家一级火险森林区和重点森林保护区的白山市，在现有完善的地理信息系统、视讯调度系统以及森林防火通信设备数字化系统的同时，将在全市建设远程监控全覆盖和无人机巡护系统，为森林安全保驾护航。

【案例60】 嫩江流域是黑龙江省乃至全国的重点火险区。按照防火网格化管理的部署，有关单位整合了卫星和超短波通信系统、气象服务系统、北斗卫星终端和无人机的高空勘察功能，真正实现了"互联网+智慧扑火指挥"，并多次到大兴安岭、黑河其他市县执行增援扑救任务。

【案例61】 2015年4月1日—30日，河北省张家口市首次利用无人机巡航技术监测森林火灾，确保森林火情早发现、早处置、早扑灭。无人机通过装载红外线和可见光设备，可在第一时间确定火源位置、火势强度及火场周边情况，帮助森林防火指挥人员和扑救人员迅速掌握火场态势，制定科学扑火方案，及时组织扑救。今后无人机等先进技术的使用，将实现森林防火由"人防"向"技防"转变。

【案例62】 潍坊市积极试验应用无人机技术对林区进行巡逻防控和监测火场火情动态，目前已完成无人机对潍坊市部分重点林区的巡控和实时监测试验。

【案例63】 山东招远地区使用无人机助力火情监测。2016年防火指挥系统配套建设了无人机侦查系统，两小时的长航时高清晰图像无人机，帮助指挥员在组织指挥灭火时，对火场的人员分布、火情散布范围等都能做到心中有数。

【案例64】 2016年昆明市森林防火指挥部首次采用无人机进行巡山，对城市面山、重点林区等区域实施空中监控，第一时间发现林区违规用火、森林火情，以便及时处置。用于森林火情监测的无人机可按地面控制人员划定的路线进行空中巡查，实时将空中获取的影像数据等传回地面控制点，地面控制点进行处理分析后传给林火消防部门，对于可疑区域，地面控制点还能控制到目标区域进行详细侦查，将有助于提早发现森林火情，及时掌握火情信息，迅速部署防火力量，变有灾为无灾、变大灾为小灾。

【案例65】 2016年百色市右江区曾发生森林火灾。由于火灾发生点地处深山，火点观测不到、火势不明，对救火判断和分析不利。右江区林业局工作人员迅速赶到现场放飞高清无人机进行侦察，仅用10分钟，便完成

107

4 无人机系统的多行业应用

了火场的火势、地形、范围等侦察任务，而且图像清晰，便于研究扑救方案。随后迅速安排了消防队员利用有利地形进入火场实施扑救，使得林火迅速扑灭，有效避免了火灾大规模蔓延，最大限度减少了群众财产损失。

以对 100 km² 作业区域进行人工降雨作业为例，无人机通过挂架在机腹与起落架中间携带 10 枚增雨焰条升至高空，由地面遥控飞行航线，定点控制点燃焰条，可监控焰条是否点燃，每次可根据情况同时点燃多根发烟管。

4.9 输变电行业

在输变电行业的选线设计、施工管理、工程验收和运营维护等诸多方面，无人机都是一个得力的助手。

4.9.1 辅助电力线路选线和设计

电力线路走廊蜿蜒千里，要穿越各种复杂的地理环境，经过峻岭、森林、水库、湖泊、荒漠等，在高海拔、冰雪区、滑坡、泥石流等地质灾害地区，条件艰苦、交通和通信极不发达，勘察测绘难度极大。UAS 可以充分发挥低空遥感测量的优势。

【案例66】 在某无人机系统辅助高压电力线选线的案例中，在为了保证遥感测量的精度，外业控制点布设采用区域网布点方式。按照电力勘测要求，影像地面采样率取 0.2 m，无人机航高 800~900 m，按照每架次飞行范围为长 6 km、带宽 2 km 计算，旁向方向上需要 5 条航带，需要相控点约 55 个，最终控制成图比例尺在 1∶2 000~1∶500 之间。

4.9.2 辅助施工和管理

线性的输变电工程施工包括塔架基础、塔架和安装工程、电力线架设等。以往塔架工程结束后，采用直升机架线，或射枪间隔发射、蛙跳式的延伸线路等工艺。近期无人机已经越来越多地承担起这一角色。承重可达几十公斤、甚至上百公斤的无人机，带着输电线从地面运输至高塔、或在塔间运输，机动灵活可控，功效高、成本低。

输变电工程对环境的影响主要是临时工程（料场、施工便道、施工营地等）面积控制及其生态恢复、基坑排水和土石方处置等。北京洛斯达数字遥感技术有限公司和湖南省电力勘测设计院在青藏直流联网工程建设中，针对青藏高原生态环境较为脆弱，高寒草甸、高寒草原、多年冻土等环境在扰动后很难恢复等特点，开展了无人机系统在高原地区环保水保中应用研究。无人机辅助环保、水保监理监测的工作思路,是充分发挥无人机低空遥感摄影测量的优势,获取高分辨率数字影像,经过畸变纠正后,结合已有路径优化成果进行影像空三加密、DEM 编辑、影像拼接和正射影像图生成,进一步搭建三维数字环保平台,进行遥感影像解译,识别施工过程中环境影响点、敏感点,获得环保水保各类基础数据资料。在此基础上,定性和定量地展开环境监理工作,并配合环境主管部门的环境管理。通过无人机航摄影像一目了然,并且可以计算详细准确的定量数据。通过不同时期的数据对比分析,确定破坏环境的范围和程度。施工全过程的影像和数据是工程验收和环保水保后评估的重要依据。

4.9.3 辅助运维管理

2009 年 1 月,国家电网公司立项研制无人直升机巡检系统。2013 年 3 月,国家电网公司出台的《国家电网公司输电线路直升机、无人机和人工协同巡检模式试点工作方案》指出,建立直升机、无人机和人工巡检相互协同的新型巡检模式是智能电网发展的迫切需要,目前公司系统直升机巡检作业正在逐步向规范化、制度化方向发展,为此公司选定山东、冀北、山西、湖北、四川、重庆、浙江、福建、辽宁、青海十个检修公司作为试点单位。到 2015 年,国家电网公司系统将全面推广直升机、无人机和人工巡检相互协同的输电线路新型巡检模式。国家能源局发布《架空输电线路无人机巡检作业技术导则》(DL/T 1482—2015),已于 2015 年 12 月 1 日开始实施。

无人机安装了可见光检测仪与成像仪、热红外等设备,可以高效大范围巡检筛查,发现人工巡检在地面视角无法发现的细小缺陷。电网设备某个部位温度一旦有异常,立刻就能分辨出准确位置。图 4-25 所示是瑞士 ALBRIS 无人机携带热红外相机,发现电阻增大引起异常发热,进一步判断原因。无人机还可以通过悬停、定点拍照等功能,瞬时将电力设施设备状况、线路通道等画面实时传送至地面控制台,实现前后方"零距离"协同作业。

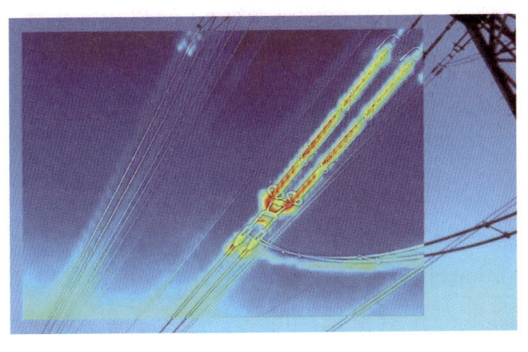

图 4-25 无人机拍摄电力线异常温度

我国 110 kV 以上高压输电线约为 $52×10^4$ km，按每年巡检次数 30 次测算，则每年总巡检长度约为 $1\,560×10^4$ km。无人机巡检速度为 20 km/h，单机年飞行时间按 150 h 计算，全国需要 5 200 架。按每架 20 万人民币计算，则仅一次性投入就高达 10 亿元以上。贵州电网有限责任公司输电运行检修分公司广泛开展了无人机巡线作业。2016 年 2 月以来，贵州翎航拓达公司负责相关培训，使零基础的一线员工掌握无人机的操作、调试、实飞技能，做到精确控制到每一个节点。培训学员约 500 人，在电力巡线作业的实际工作中，取得了让人满意的效果。需要指出的是，输电线路巡线对专业无人机的绝缘、屏蔽、抗风、飞控系统的稳定性要求非常高，绝不应使用一般的通用机型。

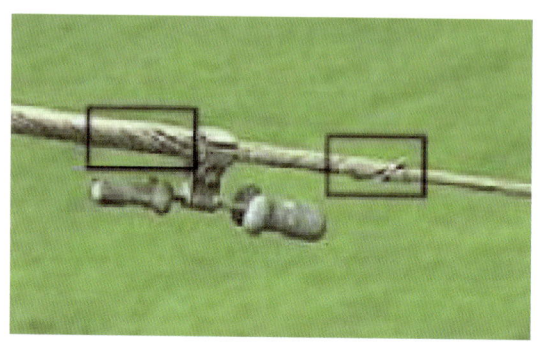

图 4-26　无人机拍摄的电力线破损

2011 年，我国油气管道总长达到 $9.1×10^4$ km。2015 年，国内油气管道总长度大约达到 $15×10^4$ km。油气管道巡检面临与电力巡线相同的问题，对无人机的技术需求和市场需求潜力巨大。

4.10　新闻采访

新闻报道的特点是用事实说话，时效性极强，并注重准确性、简明性和趣味可读性。随着时代的进步，新闻报道面临不断出现的新要求。首先，观众对独家采访、视频报道需求越来越大，而此类视频采访、质量等所需成本不低；其次，大型活动现场记者的活动范围和视角都受到限制，报道难以及时全面。

无人机参与新闻采访，使用上具有低成本、易操作、快捷可达的优势，性能上更是具备"站得高看得远"的优势。无人机配备摄像机，打破传统新闻采集在空间上的限制，以独特新奇的高空视角，获取更全面的影像信息，

4.10 新闻采访

捕捉更多细节;利用无人机可以在危险情况下代替记者,回避战争、灾害甚至核电站核泄漏等现场危险,更快更安全地报道突发新闻、灾难、战区、大型活动,为新闻提供有力、创新的技术支持。唯创新者强,唯创新者胜,无人机将为新闻行业带来新的发展机遇。

实际上,新闻素材采用无人机图片已经很普遍了。2008年汶川地震、之后的雅安地震、深圳滑坡,以及APEC会议等重大报道中,大量使用了无人机航拍素材。无人机以场景化、可视化的展现形式创新了新闻表达,成为新闻机构的先进报道工具。作为单独的报道硬件配备,组建专门的无人机报道技术队伍,正在传媒行业成为趋势。

【案例67】2016年2月19日,在新华社"历史与发展"展厅,一架红色机身的无人机吸引了习主席的注意,他接过工作人员递过的手持视频直播云终端,拿在手里对着随行人员试拍,体验了无人机航拍视频作业。习主席赞扬新闻报道与科技技术的结合,并表示新华社的事业取得了较大的发展,未来在科技技术的支撑下,新闻工作将带给人们更真实、更精准、更时效的新闻报道。

新华社将无人机报道作为一项重点工作,与湖北易瓦特科技股份公司合作,使用优化的"新闻鹰"无人机,成立了专业报道队伍,以多维视角采集新闻,建立重大突发事件的无人机新闻采集和传播机制。

图4-27 "易瓦特"无人机

图4-28 新华社无人机报道团队

【案例68】2016年3月2日,人民网启动无人机报道项目,组建无人机新闻报道的"国家队",开启新闻报道在重大突发事件时的"飞行模式"。无人机以场景化、可视化的展现形式创新了新闻表达,是新闻机构近两年急需的先进报道工具。人民网采用的设备包括便携型36倍变焦无人机、影视航拍专业无人机、消费级无人机,多功能手持增稳云台等。这些产品不仅将为无人机队执行重大突发事件新闻采集护航,无人机的便携性让新闻采集进入"飞行模式"。

【案例69】2015年8月12日,天津发生滨海危化品仓库爆炸事故。新华网无人机队第一时间到达现场,在人员不能进入爆炸核心区域时,用

4 无人机系统的多行业应用

图 4-29 无人机航拍天津滨海危化品仓库爆炸事故现场

无人机航拍,获得全面、第一手的时效影像,使公众多角度地了解了事故情况和救援的进展。

【案例 70】 2015 年 7 月 25 日随着四台无人机同时腾空而起,"美丽中国瞰合肥"大型航拍采访活动启动暨新华网新闻无人机队安徽中队成立仪式隆重举行。此次打造无人机报道队伍采用先进的国产无人机,能够实现全天候、多地形、全媒体的新闻航拍,将以多维视角采集新闻,建立重大突发事件的无人机新闻采集和传播机制。

【案例 71】 在美国,很多媒体已经启用无人机进行新闻报道。2015 年秋天,美国哥伦比亚广播公司使用一架无人机,在 1986 年发生爆炸的苏联切尔诺贝利核电厂旧址附近拍摄一个村子的近况。目前,美国有 44 个州已经通过或者正在讨论是否同意无人机参与新闻采访;2016 年 2 月,美国联邦航空管理局发出了一份有关无人机新闻采访的管理法规意见书,无人机用于新闻采访不仅可能而且也合法。虽然这份意见书要成为法规还要走一些程序,但对新闻媒体来说,已经相当令人振奋了。前不久,美国有线电视台 CNN 与美国联邦航空局 FAA 达成协议,日后 CNN 可以利用无人机进行突发性新闻的报道工作。该消息一经传出,引发了传媒机构的轩然大波,包括《华盛顿邮报》在内的数十家传媒机构表示,他们也将测试无人机采集新闻的可行性。

【案例 72】 无人机用于新闻采访,导致"无人机新闻学"或"无人机新闻"(Drone Journalism)一词的诞生。美国的内布拉斯加-林肯大学抢先于 2011 年开设"无人机新闻学"课程,并建立"无人机新闻实验室"(Drone Journalism Lab)。密苏里新闻学院随后也开设无人机新闻学课程。这两所大学的新闻学院不仅展开有关无人机新闻学的理论研究,并理论联系实际,购置无人机让师生尝试如何将无人机用于实地新闻采访。但这两所大学的努力受到美国联邦航空管理局的限制。密苏里新闻学院于 2013 年接到联邦航空管理局的信,要求该校在航空管理局公布有关法规之前,不要将无人机用于新闻采访。无人机如获批准参与新闻采访,同样存在新闻道德问题。在抢新闻与保护民众隐私之间,应当有个明确的界限,政府应当立法,媒体也应当有所约束。

4.11 消防和危险应急

我国自然灾害发生频繁,每年灾害造成的损失巨大。灾害发生时为了提高救灾效率和质量,必须提供及时准确的灾情信息。UAS 作为卫星遥感和载人航空遥感的补充手段,具有实时性强、灵活方便、外界环境影响小、成本低的优点,具有广阔的发展空间和应用前景。另外,无人机和多功能的传感器设备可搭载,如红外热成像相机等,解决海面、森林、江面等环境中能见度极低带来的搜救难题,为救灾和应急提供全新的方法。

【案例 73】2008 年汶川地震引发了大量崩塌、滑坡、泥石流、堰塞湖等次生地质灾害,灾区大部分国道、省道、乡村道路严重破坏。由于天气因素的影响,卫星遥感系统或载人航空遥感系统难以及时获取实时地面影像。地震发生后,多种型号的无人机航空遥感系统迅速进入灾区,在灾情调查、滑坡动态监测、房屋与道路损害情况评估、救灾效果评价、灾区恢复重建等方面,起到了其他手段无法替代的作用。无人机航空遥感系统第一次大规模用于应急救灾就取得了成功。2013 年雅安地震搜救过程中,国家地震灾害紧急救援队使用旋翼无人机对灾区地形地貌、受损情况进行空中排查,为搜救工作提供了参考和依据。

【案例 74】2015 年深圳弃渣场溃坝事故中,有数支无人机队伍提供了即时的图视频资料,以及土石方测量等专业化信息。

【案例 75】我国拥有森林面积 $1.75 \times 10^6 \text{ hm}^2$,森林蓄积量为 $124.56 \times 10^6 \text{ m}^3$,森林覆盖率为 18.21%,既是森林资源大国,又是森林火灾多发国家。目前,全国共有各级森林防火指挥机构 3 000 多个,办事机构 3 000 多个。此外,东北西南重点林区建有专门负责防扑火的航空护林站 18 个,专业化扑救森林火灾的森林武警部队 7 支,森林资源较多的县和林业局、林场、乡镇建有专业、半专业森林消防队共有 9 000 多支。目前我国对森林保护的投入逐渐加大,先后运用卫星进行资源普查、森林火场监视,而使用无人机系统对森林火情监测尚处于尝试应用的阶段。

【案例 76】2016 年 5 月 8 日凌晨,福建省三明市泰宁县开善乡发生山体滑坡,池潭水电厂一座办公楼被冲垮、一座项目工地住宿工棚被埋压。

福建省测绘地理信息局和相关地理信息企业，组织多个无人机机组紧急赶赴灾害现场并成功完成航空摄影，及时获取了灾区事发现场 0.03 m 高分辨率影像，并及时将数据传回福建省测绘地理信息局和国家基础地理信息中心。接收到数据后，技术人员赶制了滑坡前后影像对比图，迅速生成灾区全貌三维立体模型，进一步计算出泥石流土方量、泥石流灾害源头点土方量、泥石流冲击总长度、泥石流落差、受灾区域汇水面积等精确数据，及时提交国家减灾委、国土资源部和灾区现场指挥部，为应急救援提供了强有力的测绘地理信息保障服务。

图 4-30　无人机航拍深圳弃渣场溃坝现场

【案例 77】 2015 年 4 月 25 日，尼泊尔大地震造成境内中尼公路多处塌方，中国国家应急救援队赴尼抢通中尼公路，除投入 180 台（套）大型工程机械外，还配备有新型无人机等先进设备，现场的勘察测量为道路抢通提供了精确数据支撑和安全防护保障。

【案例 78】 2015 年 12 月，洛克希德·马丁公司演示了无人驾驶直升机与四旋翼无人机如何协作灭火。该四旋翼无人机充当系统中的侦察兵角色，利用光电/红外成像仪找出着火点、收集数据及精确的地理位置，然后指导直升机飞到目标位置准确喷水。据悉，此次测试采用了公司自主研发的 UAS 交通管理系统。

4.12 公共安全

警用无人机可搭载相机、摄像机、红外热像仪、激光雷达、合成孔径雷达等设备，具备白天夜间侦察巡逻能力，并将侦查到的图像资料实时回传到地面指挥所和交警指挥中心。一架警用无人直升机的监视范围达到地面警力的 15 倍，可替代常规警车巡逻模式广泛用于反恐处突、治安巡逻、重大群体性治安事件处置、全市重点道路的空中巡逻、航拍，并通过现场图像信息实时回传功能，提前对拥堵路段进行诱导分流，对交通事故现场进行勘查，为现场处置提供数据分析和研判依据等任务。

图 4-31　无人机准备出警

4.13 影视行业

无人机已经颠覆了航空摄影领域，逐步替代传统的吊机、直升机和航空飞机，广泛地应用于影视广告的拍摄中。从战争全景航拍的震撼场景，到大地如画的高空写真照，其背后都有无人机的助力。现在无人机在很多情况下代替了直升机，在熟练的飞手摄影师手中，更多、操作更方便的无人机一样拍出场面宏大的战争巨片。2015 年美国国家地理纪录片《鸟瞰中国》，将新奇的视角、壮美的场景、特色的文化有机地结合在一起，影片的播出展示了中国的软实力，获得世界的关注。

4 无人机系统的多行业应用

图 4-32 无人机拍摄世界第一峡谷悬索桥——湖南矮寨大桥

4.14 文物考古

考古行业利用无人机技术，可以直接以图视频的形式查看文物及其周边环境状况和考古现场，还可以辅助建立现场三维立体模型；提供的数据建立数据库，进行更系统的研究，厘清古代文化的脉络。

【案例79】2016年8月5日，由国家文物局主办的"2016年文化遗产保护与数字化培训班"在圆明园国家考古遗址公园举行。有关专家介绍了无人机影像测量辅助遗产地信息采集与记录、空间信息管理系统的新技术，进一步促进了无人机在我国的考古应用。

【案例80】莫瑞亚岛是法属波利尼西亚群岛中的第二大岛，是世界著名的自然与人文遗产地。天津大学课题组于2016年1月18日到2月6日进行了为期20天左右的调查工作，并获得一系列成果。莫瑞亚岛的普希努岛山崖洞众多，被认为是潜在的崖葬地，但从未调查取证。使用无人机近距离对 $18 \times 10^4 \mathrm{~m}^2$ 的崖体表面进行扫描式的调查，拍摄众多崖洞内的现状，终于发现了古波利尼西亚的崖棺遗物，并对崖洞以及整体山崖进行了三维测绘，该数据将用于后续的遗产申报、记录、保护等工作。此外，无人机在海面10 m低空拍摄，可清晰分辨潜水区域珊瑚等水下生物的分布、生长状态，从而部分替代潜水人员，以更快的速度进行海洋生态调查。

【案例81】 2015年06月，陕西省文物、公安部门启动文物安全大防控体系建设，首次运用无人机进行文物安全巡查。无人机摄录的画面，第一时间呈现在几千米之外的西安市公安局刑侦局内的大屏幕上。如果发现有可疑分子或者行为，还可以拉近仔细查看。今后文物部门将进一步完善技术，并进行无人机文物数据库建设。

【案例82】 某地考古项目文案。作为远古文化的起源地，我国北方同一个地方在历史上延续过若干个文化时期，其遗址遗物会产生同地的堆叠现象。当发掘了一层文化层之后，不得不忍痛将其"破坏"，才能在原地进行下一层的发掘。这个"破坏"不是无序的，可以先使用无人机进行大面积的航测，建立当地与周边山形水系关系的地形地貌的精细模型，再进行下一步的发掘。之后在博物馆里，研究者和观众可以借助全数字化的三维立体影像，还原当初的原始状态，追溯过往的历史岁月。

4.15　保险理赔

【案例83】 2015年11月24号，大雪导致连云港市出现大面积水稻倒伏现象。灾情发生以后，市保险公司立即启动了农业保险大灾应急预案。为了准确计算受损面积，保险公司通过无人机进行高空拍照取证定损，不仅大大减少了人力、物力，还避免了一些人为原因给农户带来的损失。

【案例84】 中国平安保险在行业内首次运用无人机勘测天津滨海危化品仓库爆炸现场。2015年8月12日天津港火灾爆炸事故发生后，经过保监局与政府应急小组紧急沟通磋商，允许保险公司进入到爆炸核心区域进行短时间查勘。由于事故核心地域情况复杂，勘查范围广泛且环境污染极其严重，中国平安决定充分使用无人机技术进行现场勘查。无人机小组和有关人员，身穿防化服、戴着护目镜、防毒面具等装备，多次冒着满地的瓦砾，不顾空气中弥漫的刺激性化学气体最远深入到距离爆炸核心200 m的海滨高速公路上进行查勘。整个过程耗时1个多小时，对爆炸核心区域进行全方位、立体化空中查勘，最终使得无人机拍摄到大量第一手事故现场视频和图片文件。极大地提高平安对事故现场的查勘工作效率、数据采集的精确度，也很大程度地提升平安产险天津分公司对重大灾害的评估能力，为后续顺利完成理赔工作奠定了坚实的基础。

4.16 无人机系统运载功能的应用

4.16.1 物流和快递应用

1. 无人机物流的憧憬和短板

UAS 物流和快递的应用，利用了空间、高效快捷、应急疾病等危险情况，听起来很美。但在现实中面临技术（运距、载重、避障、识别、遥控等）、法规安全和成本的瓶颈，近三五年来还很难逾越。

安全和法规是最大阻碍。无人机及其载具用于为害社会甚至于恐怖主义的危险，使政府很难把安全让位于商业利益。在城镇空间高压线、树木等空间障碍物密布且多变的环境中，无人机飞行很难保障安全，必须开发避障、路线再规划等软硬件功能。在美国，通航产业已经很发达了，空域也开放了 80% 以上，可以说私人飞机想飞就飞，然而无人机商业飞行都没有开放。近期美国联邦航空管理局（FAA）公布无人机管理的新法，要求无人机必须在操作者视线内。主要是限制商业无人机，对于无人机物流服务不利。

无人机物流的应用需要不断跨越很多技术的限制。物流无人机需要高速度和长航时的长距离保障、大载重量的性能，具有精确导航和定点识别的能力，这恰恰是目前许多无人机的短板。现在测试的无人机送货，几乎没有超过 3~5 km 的例子，载重不过是小小的包裹。无人机物流投送，需要有一整套 GPS 坐标识别、用户甄别、接收确认等解决方案。澳大利亚某公司的方法是在无人机上加装摄像头，并在用户的阳台上放一个大盒子，上有特定标识，无人机通过机器视觉识别并准确投递到用户的阳台上。这样的尝试还只是开始。无人机往返需要远程遥控，需要开发超视距的遥控系统；飞行中受天气影响很大，大风、大雨、大雾、下雪、冰雹等天气，都是考验无人机技术的难点。

无人机投资包括一次性购置费用、使用折旧、电池等消耗品更新、飞手（无人机驾驶员）的人工成本等。仅以支撑一个中等城市的一万个驾驶员而论，培训考执照的投入也得好几个亿，每月的薪金以亿计。这对产业资本而言，是一个沉重的大山。

随着技术和法规的健全，无人机送货会真正走向实用。

2. 无人机实验应用

从 2014 年开始，国内的主要电商都开始渠道下沉、布局农村。但是因为订单分散，从配送站到村庄直线距离往往小于 10 km，又因为地形原因，需翻山过河，配送员进行一次配送有时需要半天以上，相对成本很高，一

4.16 无人机系统运载功能的应用

般农村送货成本 5 倍于城市。而无人机能很好地解决成本问题。近来我国京东、顺丰等物流公司陆续公开了自己的无人机送货计划。考虑到城市里人口密集、建筑等地物复杂等情况，因此，山区、偏远乡村将是无人机送货的主要目的地。根据京东的测试，正常情况下，无人机往返 10 km，成本还不到 1 度电、5 毛钱，而且也比汽车配送要快。

无人机送货的测试，需要设备、飞手等近亿元的投资，需要得到空管对使用空域的批准，需要解决遥控、识别、距离等技术问题，尤其是如何使公众、军方和政府放心其安全。2015 年第四季度京东透露已经拿到了两个县城的无人机送货批文，包括宿迁地区 120 m 以下空域授权，并且与空军和空管部门报批了固定航线京东物流实验室对无人机送货的流程、飞行调动系统、设备需求、人员分工等方面开始的测试。京东拥有 26 万的农村电商推广员，已经覆盖了全国 15 万个农村站点。京东所测试的整个无人机物流体系将和农村合作站紧密相连，供货不针对最终消费者的单个订单，培训推广员简单操纵无人机，主要在于完成从配送站到乡村推广员的农村电商核心配送环节。同时，中小件货物的平均重量和体积都不高，非常适合采用无人机批量完成从配送站到乡村推广员的商品配送。商品在配送站完成站点验货和包裹装机，通过无人机迅速送到推广员手中，再由他们分发给村里的用户。由于从配送站到推广员的飞行线路相对固定，可以通过事先勘察，规划出安全航线和着陆点，无人机起飞后，推广员根据系统通知在降落点取件。无人机的飞行距离约为 5~10 km，货物送到后无人机按指令自动返航。规划航线避开了学校、居民区等人员密集的场所。未来京东将开设更多的无人机送货站点，无人机在配送站之间飞行，取代农村的配送车辆和人员。

【案例 85】 2016 年 6 月 8 日，在江苏宿迁市曹集乡同庵村居委会内，一架三轴无人机缓缓起飞，10 分钟后，5 km 外的旱闸村居委会内，京东当地的推广员接收包裹，无人机送货第一单完成，无人机送货终于成了现实。

【案例 86】 亚马逊公司较早开发了无人机的物流计划。2013 年底亚马逊公布了一款 Prime Air 的 8 旋翼无人机，现在 Prime Air 已经是第九代，可负重 5 lb 货物，以 50 mile/h 的速度飞行。亚马逊已经正式向 FAA 申请更大范围的室外飞行测试。另外 Google、UPS 等从 2012—2013 年就开始测试无人机送货。

【案例 87】 2014 年 8 月，谷歌在 YouTube 上发了一个关于"ProjectWing"的介绍视频，显示了针对无人机配送情况进行测试。谷歌公司表示将于 2017 年投入无人机包裹运送业务。Project Wing 项目电力四旋翼无人机模型翼展 1.5 m，无人机项目最初拟用于为心脏病患者及时提供电振器，但随后其业务内容得到扩充。

【案例88】 2015年沃尔玛向美国相关管理局提出申请，检测其无人机送货上门、摊点取货和清点仓库存货的性能。UPS等公司也在积极测试无人机快递。

【案例89】 非洲大陆人口不断增长，同时交通基础设施十分简陋，很少有铺设的道路，那些村落之间仅有弯曲的土路连接。在卢旺达，药物的运输都需要由摩托车来完成，等待药物救援的人们不得不等待很长时间。同样的，相比发达国家天空中密集的飞机，还有无数的电线，非洲国家开放的、不繁忙空域，是测验商用无人机高速公路的理想地点。如果使用货运机器人，可以为乡镇提供紧急救援物资和一些商品，不受公路铁路网薄弱的限制，同时运输变得既快捷又安全。有人预计，无人机运输在未来10年内可占到非洲运输行业的10%~15%。卢旺达目前正在建立一个名为Droneport的无人机港，要运输的物资将汇集于此，之后被无人机送往各地。后续阶段计划建设更多的无人机港，类似于加油站网络。如果这个项目进行的非常顺利，它有可能会扩展到相邻国家，例如刚果民主共和国。相关的飞行测试将于今年2016年8月开展，第一条货运无人机线路有望年内开通。无人机线路最开始将开设两条，"红色路线"用于将应急的血液送往乡下的诊所；一段时间后，"蓝色路线"也称是商业路线可运输网上订购的商品。

【案例90】 Flirtey在美国完成首个获FAA批准的无人机送货服务。2016年3月，来自澳大利亚的初创公司Flirtey完成了被认为是首个全自动且在美国合法的无人机送货服务。本月月初，该家公司在内华达州雷诺市成功完成了这项测试。据称Flirtey无人机送货服务于去年7月份得到美国联邦航空管理局FAA的批准。虽然在这次送货中公司也有为无人机配备了驾驶员，但在整个运送过程中，这名人类驾驶员并没有上场，而一直是无人机内置的GPS地图在指挥。此次运送的是一些用于紧急事件的急救包。由此看来，这种运送方式在救灾中很有可能扮演重要的角色。

【案例91】 2015年6月以色列的Flytrex公司号称无人机送货服务投入正式运营。无人机是一款采用机载3G模块设计的机型，并可以实现联网和云数据连接。用户可以使用特定的应用程序，实现送货方和收货方的对接，理论上讲只要有3G信号就可以完成。电池的电量支持只能飞行35分钟左右，约10~20 km。Flytrex Sky配备了一台GoPro相机，可以让用户通过第一人称视角进行控制；也可以使用自动驾驶模式，向用户飞去。实际上，这似乎是一个商业的噱头，因为除了飞行之外，法律允许、3G信号条件、远程控制、路中避障、用户接收等技术问题并没有解决。

【案例92】 2015年9月，芬兰成为欧洲第一个测试使用无人机送货的国家。芬兰邮政物流集团（Posti Group）进行了四天的测试，测试了在赫尔辛基和芬兰城堡之间约5 km的无人机运送服务，希望将重达3 kg包裹运到了芬兰交通运输部,结果遇到了一些问题,包括由于风力因素,无人机的落地点偏离目的地。据估计一切准备就绪至少需要 2~3 年的准备,还很难说出怎样解决法律对安全等方面的顾虑。

【案例93】 2015 年 10 月,新加坡邮政和新加坡资讯通信发展管理局共同完成了使用无人机传递邮件的实验。新加坡邮政表示无人机成功将一份包裹由罗弄豪卢什运送到乌敏岛,其距离约 2 km,耗时约 5 min。新加坡邮政表示,无人机配备了强化的安全功能,并辅以标准化软件操控,以保证邮件准确送达收件人。该款无人机可载重 0.5 kg,飞行高度 45 m,一次飞行 2.3 km,其飞行的重点是测试无人机驾驶证技术和测定安全界限。

4.16.2 架线和多用途载具应用

利用无人机的可遥控功能和荷载能力,搭载电力线路代替传统的人工放线作业,避免人力高危攀爬等情况,大大降低了放线的安全隐患;在跨越带电线路、高架桥、江河湖泊、深沟峡谷等特殊地理环境时,无人机架线可以保障人员安全,并大大减少了施工人员数量,减轻了施工人员的劳动强度,缩短施工时间,提高工作效率,节约了施工成本;还能避免在通过密集林木、民用建筑、蔬菜大棚等障碍物时开辟运输道路所产生的破坏,保护生态环境,也减少了由此引起的青苗赔偿等社会影响。

【案例94】 2014 年,天源分公司开始尝试采用无人机代替传统的人工放线作业,并在 2015 年的农改施工中进行了全面推广和应用。在一次作业中直径 1m 左右的六旋翼电力架线无人机只用了不到两分钟的时间,就轻松跨越 140 m 左右的水面,将两基 10 kV 杆塔用牵引绳连接起来。

图 4-33 无人机架设电力线

【案例95】 2015年6月,天津市电力部门首次在夜间完成八旋翼无人机跨越京沪高铁展放电力导引绳的施工。用于跨越高铁的无人机直径1.4 m,桨翼长38 cm,最大航行速度为10.2 m/s,最大负重力5 kg。使用无人机放线张力全程可控,且导引绳不与地面、空中障碍物相接触,牵放安全系数高于传统人力放线;传统人力1个多小时的施工工作现在5分钟就能完成。

【案例96】 空军机场驱鸟的新助手。2015年11月空军开始推广航模驱鸟新方法保障飞行安全。机场驱鸟航模除机身、机翼、起落架、发动机、无线接收装置等机载设备外,添加了驱鸟功能模块,主要包括频闪灯、音频和驱鸟弹三个系统。驱鸟员遥控无人机可对机场上空鸟群进行有效骚扰和驱赶,几乎能达到驱鸟员视线所及的任何区域,尤其对高空盘旋的鸽群、鹰隼等大型鸟类具有良好的驱赶效果。

【案例97】 加拿大渥太华市成功进行了使用无人机驱逐大雁的试验,这种以加拿大命名的鸟类有每20分钟排便一次的习惯而遭到部分人的厌恶。在公园驱逐加拿大雁可以让环境免遭大量鸟粪污染,避免鸟粪中大量细菌对经常来公园游玩的人们健康的威胁,避免有时大雁还会主动攻击人类的危险。万博尔特先生使用的无人机宽26 in,带6个旋翼,加装了能发出老鹰等食肉鸟声音的扬声器、频闪灯,还涂上了黑色油漆。万博尔特计划建立多个无人机站,用无人机队把驱赶加拿大雁。他最近提交给市议会一份驱鸟提案,但还没有得到批准。因为有人喜爱这种鸟类,它们是春天第一个到来、冬天最后离开的鸟类;它们终生不离,共同承当养育后代的责任。与加拿大雁一起,还有60多种其他鸟类从北极飞到安德鲁海顿公园。如果吓走大雁,其他鸟类会不会一起受到惊吓?

【案例98】 春秋季节,在加拿大爱德华王子岛Covehead湾,水产养殖户几十年来都借大炮的噪声驱逐那些啄食贻贝种子的鸭子。然而,据当地居民越来越难以忍受天还未亮甚至在夜晚都可以听到的炮声。2015年11月,当地的水产联盟试用无人机驱逐偷吃鱼类的鸟类。无人机可搭载猛禽发生器、闪光灯等各种载具飞行,从鸭子的反应来测试无人机"威慑力"。

【案例99】 2015年9月,南方电网广州供电局输电管理所自主研发的世界上首架在强电场的高压线旁喷火清除悬挂物的喷火式巡检飞行器将无需人工上塔进行输电线路维护的设想变为了现实。之前,南方电网曾使用巡检灭火无人机处理过同类故障。2014年6月16日,受台风"海贝思"影响,500 kV北郊变电站出线处,农用薄膜被吹裹到北增乙线某条导线,需要紧急处理。以往清理这样的故障,往往需要在停电的情况下,5个人花费3~5小时。这次巡检灭火无人机接近薄膜飘挂的导线,首先喷洒汽油,待薄膜被汽油充分浸染后,利用喷火器使其自行燃烧,仅仅用一分钟薄膜就被清理干净了。

图 4-34　无人机烧毁电力线悬挂物

4.17　无线数据传输空中中继站

【案例 100】 2015 年，谷歌公司测试太阳能无人机，测试地点是新墨西哥州的 Spaceport America。测试将针对多种原型传输器和无人机，使用毫米波无线电进行传输。毫米传输会占用 28 GHz 频段，虽然它比现在的 4G 技术要窄，但速度很快。理论上，毫米波技术每秒可传输数千兆数据，是现有 4G LTE 的 40 倍，也被认为是未来 5G 网络的主要技术。

【案例 101】 2015 年 9 月，Facebook 重启其牵头的非盈利互联网项目，旨在为全球 19 个国家的手机提供网络，而无人机将在这一计划中扮演重要角色，为缺乏通信基建设施的地区提供网络信号。Facebook 将试飞名为 Aquila 的互联网无人机，以发射信号，使乡村地区也能畅通地使用移动网络。Aquila 拥有刚性碳纤维外壳，以太阳能供电，其翼展超过波音 737 飞机，飞行高度可达 $6 \times 10^4 \sim 9 \times 10^4$ ft，续航时间可达 3 个月。

图 4-35　太阳能互联网无人机

4.18 消费级无人机

小航模飞行器、多旋翼无人机、固定翼无人机……曾经高大上的技术控装备，近两年却逐渐步入寻常百姓家，成为时尚玩家的"新宠"，更是把这些航模飞行器运用到了我们日常生活，航拍写真、婚庆创意……无人机带动了一条新兴的产业链，也让不少玩家从业余爱好成为专业从事的职业。

无人机与运动相机的结合，将是无人机在运动健康等个性化航拍领域的重要应用。GoPro 以运动相机成名，去年也加入了"小型无人机联盟"，并已经为多款无人机推出了视频摄像设备，GoPro 也宣布将进入消费级无人机领域，并预计今年正式推出第一款多马达驱动无人机，定价将于 500~1000 美元之间。

无人机虚拟现实应用让人获得航空第一视角的真实体验。例如 Parrot bepop 系列无人机，以 HDMI 接口连上 Oculus Rift，能直接操控飞行器的飞行，把人的感知带到另一个真实空间。这样的体验或许今后还能应用在隧道、峡谷与水下等场景，探险者将不再需要亲历，就能收获刺激的感官体验。更重要的是，不需要耗费人力物力去建模、创建一个虚拟世界，任何一个地点都能成为新的游乐场。

近年来国内外科技公司和投资人对无人机关注热度迅速升温，无人机不仅仅是航拍的"玩具"，更是颠覆未来的机器人。我国消费级无人机产业已处于国际前列，大疆科技、零度智控、极飞科技、亿航、一电科技、天途公司等，各领风骚，产品和融资不断。其中，大疆创新、零度智控、亿航等中国品牌更是独占鳌头，占据了全球消费级无人机市场的半壁江山。国际数据公司 IDC 预测，中国市场消费级无人机出货量 2016 年将达到 39 万台，2019 年更是可能猛增到 300 万台。

美国联邦航空管理局 FAA 在 2015 年度无人机预测报告中表示："在整个航空市场，无人机将是发展最强劲的一个领域。"FAA 预计，到 2016 年底，无人机数量将达到 250 万，而增长最快的将是消费类无人机。到 2020 年，在市场上的 700 万架无人机中，有 430 万将是消费类无人机。

5 无人机系统遥感测量概述

5.1 无人机遥感概况

5.1.1 遥感概述

遥感（Remote Sensing）是使用空间运载工具和现代化的电子、光学仪器，非接触地从远距离获取目标对象的特性，通过对该信息的传输、储存、分析、修正、识别目标物体，最终实现其定时、定位、定性、定量等功能的技术。遥感是以航空摄影技术为基础，在20世纪60年代初发展起来的。开始是有人飞行器的航空遥感，自1972年美国发射了第一颗地球资源技术卫星后，又开启了航天遥感的时代。经过几十年的迅速发展，遥感成为一门实用、先进的空间探测技术。

5.1.2 国内外发展情况

21世纪开始至今，无人机的性能不断提高，应用范围和应用领域迅速拓展。全世界有各种用途、各种性能指标、微、小、中、大型等各类无人机，续航时间从几十分钟延长到几十个小时，任务载荷从几千克到几百千克，这为长时间、大范围的遥感监测提供了保障，也为搭载多种传感器和执行多种任务创造了有利条件。

20世纪80年代以来，各种数字化、重量轻、体积小、探测精度高的新型传感器的不断面世。2000年ISPRS阿姆斯特丹大会上，航空数字照相机开始出现，2004年的伊斯坦布尔大会上航空数字照相机成为一个热点。传

5 无人机系统遥感测量概述

感器由早期的胶片相机向大面阵数字化发展,航空数码相机在CCD等传感器技术的不断进步中已呈现明显的优势,我国中科院光电所2013年成功研制出1亿像素相机"IOE3—Kanban",成像画幅达到10 240×10 240像素,并能在-20℃~55℃的温度范围内工作,同时拍摄彩色、红外、全色的高精度航片;莱卡Leica DMCIII航空相机提供目前单片传感器能够覆盖的最大幅宽:旁向26 112像素、航向15 000像素。现在的航测多采用多台相机组合照相,利用开发的软件再进行拼接,更大地提高了遥感飞行效率。另外激光三维扫描仪、红外扫描仪等小型高精度遥感器为无人机遥感的应用提供了发展空间。

5.1.3 无人机遥感测绘

1. 无人机遥感测绘的主要技术和优势

在实际工作中往往需要对工程和环境状况及其变化进行测绘。常规的地形测绘、地理信息的获取主要依靠人工作业,大量的外业测绘需要测量者常年野外奔波,跋山涉水,在大面积的作业区、高低起伏的外表面、形状不规则的堆场等恶劣的自然环境中工作。人工测量劳动强度大、复杂费时、成本高。而随着科技的发展,测绘行业对于地理信息数据的精确性、时效性要求越来越高,传统测量方式的人工成本和时间成本难以满足行业的需求。

无人机遥感测绘技术,是以中低速无人机为空中平台,搭载数字普通光学相机、红外相机和其他遥感传感器等载具,借助地面相控点、空间GPS信息等辅助手段,拍摄空间影像数据;用计算机专业软件,完成图像信息处理、数字化建模和应用分析等目的,按照一定精度要求制作成图像或各种格式的电子文件,是集成了遥感、遥控、遥测技术与计算机技术的新型应用技术,支撑着测绘行业的持续发展。根据不同类型的遥感任务,无人机搭载与之相应的遥感设备,如高分辨率CCD数字相机、轻型光学相机、多光谱成像仪、红外扫描仪、激光扫描仪、磁测仪、合成孔径雷达等。遥感传感器应具备数字化、体积小、重量轻、精度高、存储量大、性能优异等特点。

相对于传统的人工测量,无人机遥感测绘技术有以下优势:

① 可以以即时摄影的方式、从俯视的角度,采集到每一处凹凸地形的细节影像资料,如同为测绘工程师"插上了翅膀";

② 在拾取直接、丰富的地物等环境影像信息的同时,可通过先进的GPS空间定位技术,将图片和数字化模型嵌入精确的地理信息,使地理信息的数据更加完整精确;

③ 协调了传统测绘的内、外业工作,把原本大量艰苦的外业转变成内

业工作；

④ 快速飞行摄影、快速计算机解析，大幅度提高测绘的作业效率；

⑤ 生成的测绘成果，不仅有高程、经纬度坐标等基本信息，更具有全真的图像信息。

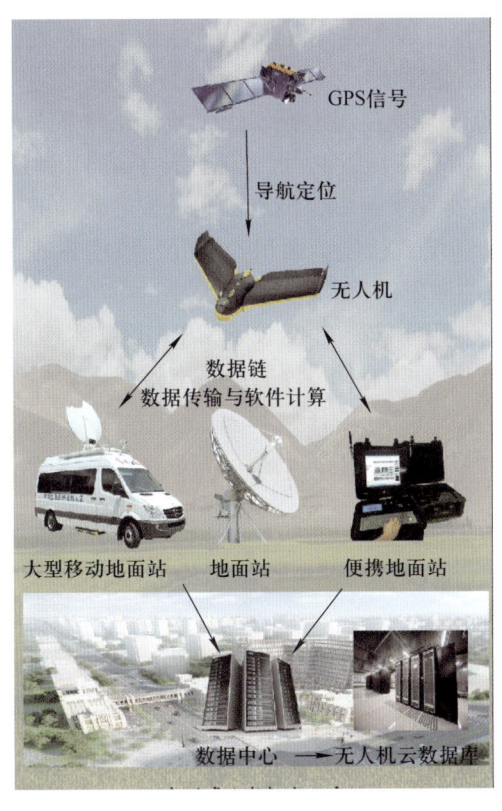

图 5-1　无人机遥感和数据应用过程

无人机摄影测量技术，包括正射摄影测量和倾斜摄影测量两个主要技术。无人机传统的摄影测量也可以称为正射摄影测量技术，是低空无人机搭载相机，镜头垂直对地摄影获取数字化影像，进一步将照片经软件后期处理，形成数字化平面和三维的地形地貌成果。无人机倾斜摄影测量技术，通过无人机携带多位镜头摄影机，除了镜头垂直对地摄影外，还设置将相机倾斜45°左右，对物体的前、后、左、右进行拍摄，获取各个侧面、不同层次和角度的高清晰数字影像，更有利于立体三维建模时表现侧面的纹理、性质，进一步利用软件生成数字化平面和

图 5-2　天途倾斜摄影相机

三维地理信息模型。它具有效率高、成本低、数据精确、操作灵活、侧面信息可用等特点。

相比于传统的航空正射摄影测量技术，无人机倾斜摄影测量具有以下优势及功能：

① 可采集建筑物、山体等侧面纹理。利用航空摄影大规模成图的特点，通过从倾斜影像批量提取并采用贴纹理的方式，能够更好地表现环境，并有效地降低城市三维建模成本；

② 更真实地反映环境情况。倾斜影像能让用户从多个角度观察地物，更加真实地反映地物的实际情况，极大地弥补了基于正射影像应用的不足；

③ 倾斜影像可实现单张影像量测。通过配套软件的应用，可直接基于成果影像进行包括高度、长度、面积、角度、坡度等的量测，扩展了倾斜摄影技术在行业中的应用；

④ 数据量小，易于网络发布。相较于三维GIS技术应用庞大的三维数据，应用倾斜摄影技术获取的影像的数据量要小得多，其影像的数据格式可快速进行网络发布，实现共享应用。

2. 遥感测绘无人机选型

遥感测绘小微型民用无人机，主要以固定翼、多旋翼为主，并有复合翼无人机等选型。

表 5-1 遥感测绘小微型民用无人机选型特点对比

	优点	缺点
固定翼无人机	滑行中抖动少、姿态稳定； 速度快、续航时间长，工作效率高	航速较快时，配合的相机曝光时间要求短暂； 受安全航高、载重等限制，通常能够获取的影像地面分辨率在 8 cm 以上，精度相对较低
多旋翼无人机	有四、六、八旋翼等机型，可悬停、易操作； 可根据测区情况在不同高度层次飞行，获取的影像分辨率可达 1 cm 或更高； 现阶段主要采用八轴无人机，可以支持断桨保护，在失去 1 个机臂时仍能正常飞行，在失去不相邻的 2 个机臂时可以安全回收； 在飞控的选择上作为航测用途的多选择双控制器，保证在市区作业的安全	续航时间有限，一般携带倾斜摄影相机重量在 2~5 kg，续航约 30 min

5.2 摄影测量的基础知识

5.2.1 数字摄影测量原理

数字摄影测量（Digital Photogrammetry）是基于数字影像和摄影测量的基本原理，应用计算机技术、数字影像处理、影像匹配、模式识别等多学科的理论与方法，来研究和确定所摄对象，并以数字方式表达其形状、大小、位置、性质及其相互关系，提供各种摄影测量产品的摄影测量学的分支学科。数字摄影测量与模拟、解析摄影测量的最大区别在于，它处理的原始资料是数字影像或数字化影像，它最终是以计算机视觉代替人的立体观测，因而它所使用的仪器最终将只是通用计算机及其相应外部设备，其产品是数字形式的。

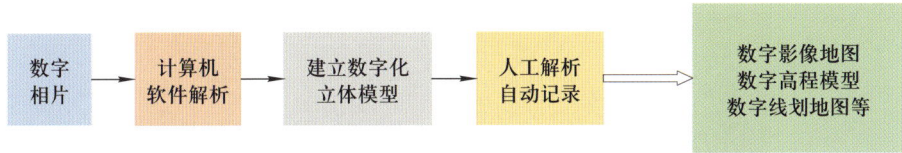

图 5-3 摄影测量计算机解析过程

航空相片的立体观察原理。照相机从相距一定距离的两点对同一目标进行摄影，会产生的重叠图像，称立体像对，成为立体像对的必要条件是相片的重叠度大于53%。将成为像对的两张影像并排排列，如果左眼看左边的图像，右眼看右边的图像，就可以产生目标地物的立体视觉效果，这称为立体观察。立体像对是从不同角度摄制的同一物体的一对影像，因此存在影像左右视差。当双眼分别观察这一对像对时，存在左右视差的相片会反映到眼睛的视网膜上，构成生理视差，由此便产生了与观察实物时一样的立体视觉效果。这就是利用航片像对进行立体相对观察的基本原理。计算机软件首先具有影像自动识别和快速拼接功能，实现影像质量、飞行质量的快速检查和数据的快速处理；软件进一步利用立体像对的原理，将数字照相机拍摄到的物体辨认为空间上无数点的组合，通过软件算法，将这些点在空间定位，进一步加密、填充，建立起数字化的地理信息数据库。

遥感数字测量的主要处理过程包括空中三角测量、内定向、相对定向、绝对定向、数字地面模型生成（数字地形模型产生）、正射影像生成、等高线测绘、地物测绘等。遥感摄影测量的产品包括各种比例尺的地形图、专题图、特种地图、正射影像地图、景观图；建立各种数据库；提供地理信息系统和土地信息系统所需要的基础数据。

5.2.2 数字摄影测量的若干概念

1. 数字化

在无人机航测的一系列名词中,数字化(矢量化,Digital)是基础性的形容词,表示数字化、矢量的,形容那些电子版的数据、文件等,如DOM、DTM、DEM等。

2. 数字正射影像图

数字正射影像图(Digital Orthophoto Map,DOM)是经过对像元纠正、影像镶嵌等一系列处理后裁剪形成的影像平面图,带有坐标格网和图廓整饰,其上可叠加线画要素、文字注记等。它是同时具有地图几何精度和影像特征的图像,较传统的地图而言,DOM具有信息量丰富、直观易读、生产周期短以及现势性好等特点。

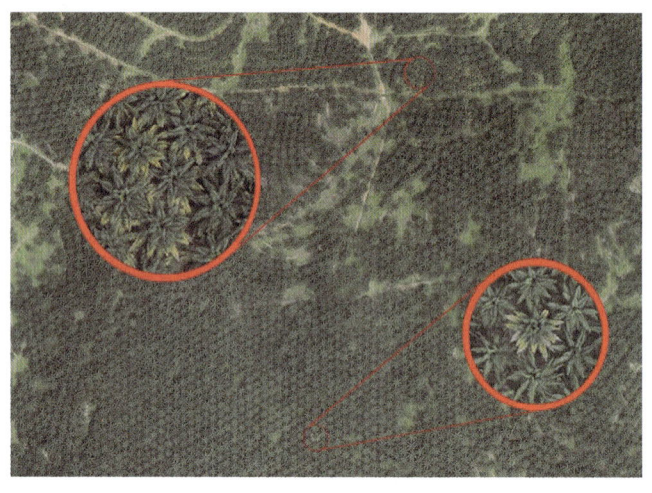

图 5-4 DOM 示意图

3. 数字地形模型

数字地形模型(Digital Terrain Model,DTM)是在一个区域内,以密集的地形模型点的数字化坐标 X、Y、Z 表达地面形态。地形可以用高程来描述,也可以用坡度、坡向等信息来描述。数字地形模型包括数字高程模型、数字坡度模型和数字坡向模型等。

4. 数字高程模型

数字高程模型(Digital Elevation Model,DEM)是以一组有序数值阵列形式表示地面高程起伏形态的一种实体地面模型,是数字地形模型的一个分支。DEM 必须是高程信息，是地表的模拟。可制作透视图、断面图，进行工程土石方计算、表面覆盖面积统计，用于与高程有关的地貌形态分析、通视条件分析、洪水淹没区分析等。

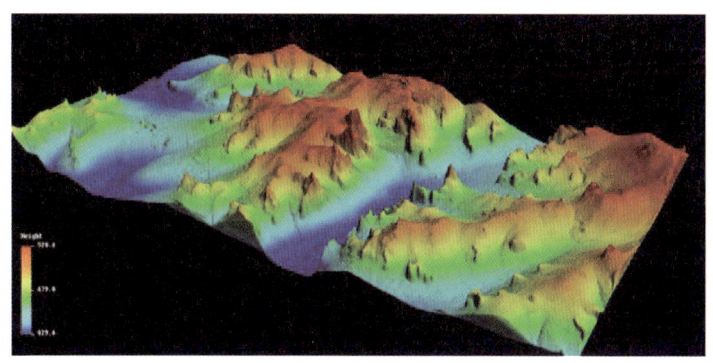

图 5-5　DTM 示意图

图 5-6　DEM 示意图

5. 数字表面模型（DSM）

数字表面模型（Digital Surface Model, DSM）是地物表面的数字化模拟，包括植被表面、房屋的表面，对 DSM 进行加工，去掉房屋、植被等信息，可以形成 DEM。

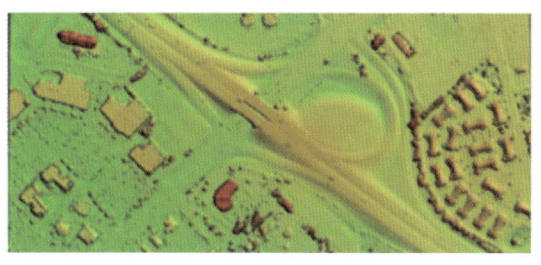

图 5-7　DSM 示意图

5 无人机系统遥感测量概述

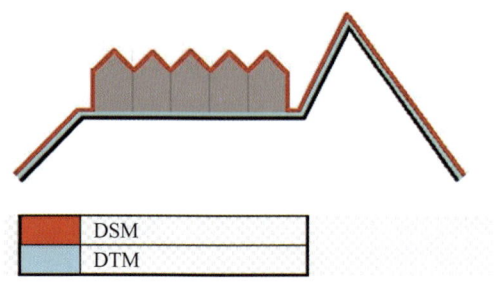

图 5-8 DSM、DTM 差异示意图

6. 数字线划地图

数字线划地图（Digital Line Graphic，DLG）是与现有线划基本一致的各地图要素的矢量数据集，且保存各要素间的空间关系和相关的属性信息。

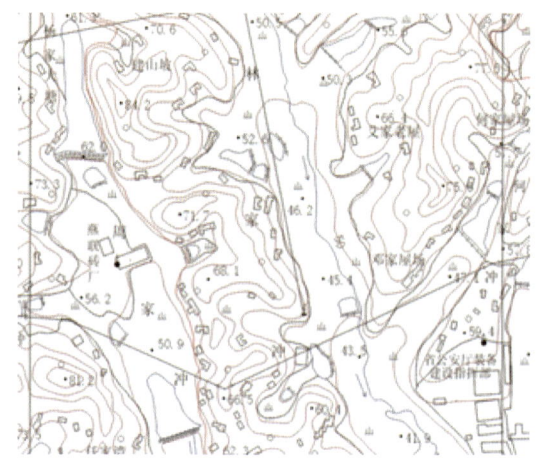

图 5-9 DLG 示意图

在数字测图中，最为常见的产品就是数字线划地图，外业测绘最终成果一般就是 DLG。该产品较全面地描述地表现象，目视效果与同比例尺一致但色彩更为丰富。本产品满足各种空间分析要求，可随机地进行数据选取和显示，与其他信息叠加，可进行空间分析、决策。其中部分地形核心要素可作为数字正射影像地形图中的线划地形要素。

DLG 是可以方便地放大、漫游、查询、检查、量测、叠加的电子版地图。相比正射影像图，其数据量小，便于分层，能快速地生成专题地图，所以也称作矢量专题信息（Digital Thematic Information，DTI）。此数据能满足地理信息系统进行各种空间分析要求，可随机地进行数据选取和显示，与其他几种产品叠加，便于分析、决策。DLG 的技术特征为：地图地理内容、

5.2 摄影测量的基础知识

分幅、投影、精度、坐标系统与同比例尺地形图一致。图形输出为矢量格式，任意缩放均不变形。

原始资料主要采用外业数据采集、航片、高分辨率卫片、地形图等。

7. 相片控制点

相片控制点（Photo Control Point，简称相控点）是摄影测量中在实地布设并进行测定的控制点。包括具有平面坐标的相片平面控制点，具高程的相片高程控制点，及同时具有平面坐标与高程的相片平高控制点。相控点是实现摄影测量精确定位的必须要素。

相控点是在工作中要反复查看地面目标和对照影像，选择野外的实地位置和相片的影像位置都可以明确辨认的点。

5.2.3 数字相片像素和成像面积

数字照相机成像在电荷耦合元件 CCD 上，或是在互补性氧化金属半导体 CMOS，这是两种常见的图像传感器。CCD 和 CMOS 都是半导体器件，是受光元件（像素）的集合体，接收透过镜头的光并将其转换为电信号。数码照片的画面分辨率由像素感光能力和图像传感器面积所决定。每个单位像素越大、图像传感器包含的像素数越多，最终照片的画面分辨率也就越高。

图像传感器上的微小光敏物质称作像素（Pixel），这些小方点连续组成了数码相片上的色斑、最终拼合成完整的图像。感光器件上每一个像素捕捉光线的能力对最终的图像效果有很大影响。每个单位像素上可以收集一定多的光线；每个单位像素越大，其收集光线的能力也就越大。

以 CCD 传感器为例，其面积越大，则可布设的像素就越多。CCD 的规格大小是以 CCD 对角线的长度来表示的，单位是英寸（单位符号 in 或'）。业界通用的 1 in CCD 尺寸 = 长 12.8 mm × 宽 9.6 mm = 对角线为 16 mm 之对应面积。透过"勾股定理"，可得出该直角三角形的三边比例为 4∶3∶5。其他有关 CCD Size 比例的概念，例如：1/2' CCD Size 的对角线就是 1'的一半为 8 mm，面积约为 1'的 1/4；1/4'就是 1'的 1/4，对角线长度即为 4 mm，以此类推。无人机挂载的数码相机，常见采用 1/2.7'、1/2.5'和 1/1.8'等尺寸的 CCD。其中 1/1.8'的 CCD 比 1/2.7'的 CCD 要大，有利于提高画质。

另一方面，在 CCD 尺寸不变时，人们又希望尽量增加像素传感器的数量。但是 CCD 尺寸不变，增加像素就意味着单个像素捕捉光线能力下降，从而会引发噪声增加、色彩还原不良、动态范围减小等问题。

综上所述，对于具备同一像素的数码相机来讲，选择更大的 CCD 尺寸，拍摄效果会更好。这一点全画幅相机更有优势，如莱卡 M-E 相机传感

5 无人机系统遥感测量概述

器 CCD 尺寸为全画幅 23.9 mm×35.8 mm，有效像素 5 212×3 472 约 1 800 万像素。

5.2.4 分辨率

分辨率是单位面积上像素或点的数量。感光器件 CCD 和 CMOS 的分辨率，可以理解为感光器件单位面积上有多少个感光单元的数量。数码相机输出照片最大分辨率，指的是影像分辨率，单位是 ppi（每英寸上的像素数量，pixel per inch）。打印分辨率表示每英寸上的小墨点数量，单位是 dpi（dot per inch），如 Photoshop 中图像的分辨率是指打印分辨率。这三个概念互有联系但是又不尽相同。当然还会有其他输出设备的分辨率。

5.2.5 像素和分辨率的关系

像素点的值也就是其尺寸是一定的，分辨率则是相对的。像素越多，可以输出的影像最大，输出的影像的分辨率也越高。数字照片要在计算机屏幕或打印出来才能看到。数字照片的清晰度实际上表现为计算机屏幕或打印照片的清晰度。

1. 图像像素和分辨率

图像的清晰度可以用影像分辨率来定量地表达，表达为一定尺寸（单位长度）中的图像所拥有的像素值。像素的多少和大小，决定了图像的分辨率大小，像素越高，图像越清晰，表现越细腻。

对于数字照相机来说，照片的分辨率为 500 万，是指这张照片是由个 500 万个像素组成的，也就是说照片里含有 500 万个最小的、不能再进一步分辨的颜色点。

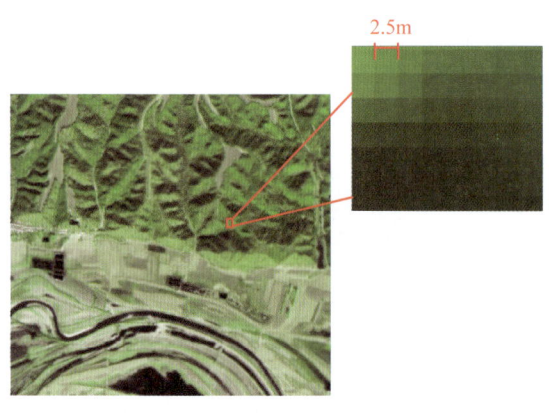

图 5-10 数码相片像素示意图

5.2 摄影测量的基础知识

2. 像素和打印分辨率

人眼能分辨出的最大分辨率是 300 dpi，超过这个分辨率，人的眼睛是无法看出差别的，也就是说 300 dpi 和 600 dpi 在人眼看来是没有差别的，所以现在的冲印设备设计的最大输出分辨率就是 300 dpi。考虑到每个人对于清晰度的要求不一样，一般来说能达到 200 dpi 就能让大部分人满意。像素和打印分辨率，关系到冲印照片的大小，其实计算方法为：

有效像素约 500 万的数字照相机，最大输出 2 560×1 920 的相片，宽度为 2 560 pixel/300 dpi=8.5″，高度为 1 920 pixel/300 dpi=6.4″，也就是说如果用 300 dpi 输出分辨率冲印，最多能冲印 8.5″×6.4″ 的照片。

3. 屏幕像素和分辨率

屏幕像素常见的设定有 1 024×768、1 366×768、1 400×900、1 920×1 080 等。例如输出分辨率为 1 024×768 时，就是指在显示器上横向每一条水平线包含 1 024 个像素点，纵向共有 768 条线。显示器的像素密度是由显示单元之间的点距决定的，显像管或 LCD 液晶显示屏的像素密度大约是 67~130 px/in，而现在笔记本计算机的屏幕能达到 200 px/in，甚至高达 300 px/in。以 15 in 液晶屏幕为例，默认的最佳像素分为：1 280×800（4∶3）、1 440×900（16∶10）、1 440×810（16∶9）。显示器越大所能容纳的像素也就越多，17 in 的显示器可以到 1 680×945（16∶9）的像素。

屏幕的物理分辨率是显示屏的最佳分辨率，其含义是指显示屏最高可显示的像素数，是显示器定好的固有参数，不能调节，无法更改。物理分辨率也叫标准分辨率，即显示屏的实际分辨率，物理分辨率越高，则可接收分辨率的范围越大，则显示屏的适应范围越广。

如果图像分辨率高于屏幕分辨率，在放大图片后，亦能显示出清晰画质，反之则会模糊不清。图像单位像素高于屏幕时，需放大图片至合适大小，方能得到最佳视觉效果。

采集到的数字相片，其像素是一定的。例如 500 万像素代表一张照片或图片的总像素值，也就是它的长宽乘积 2 560×1 920=4 915 200 像素是这个数值，它所代表的尺寸是一定的，继而无论是在 15 in 还是 47 in 的显示屏幕，都不会改变，改变的只是分辨率而已。在合适的显示屏上，相片像素和显示屏分辨率良好匹配。比如一张约 500 万（4 915 200）像素的照片，绝对尺寸是 35.5 in（宽度）（2 560/72=35.5），用 72 dpi 分辨率的显示器，显示器也是 4 915 200 像素时，是这张照片在屏幕上不失真的真实尺寸。

在越大的显示器上，可能相片的分辨率就会下降。比如说数码相片的像素为 1 024×768，如果用 15 in 显示器的话，屏幕 1 024×768 的像素值，但要换成 17 in 显示器仍然可以用这个分辨率，因为总面积增加、像素点数量不变，像素点之间的间距会根据屏幕大小自动调整，结果在大显示屏幕上，则单位面积的像素值就下降了。

5.2.6 航片分辨率和地面分辨率的关系

数字照相机的航拍影像由像素点组成，像素点越丰富，照相辨认的细节尺寸越细微。照片上像素点的密度以每毫米多少条线来表示，线越多、影像质量越高。例如航拍相机为全画幅相机，感光 CCD 尺寸为 36×24 mm^2，像素为 $5\,616 \times 3\,744$/mm^2，即纵横各 5 616 条和 3 744 条，也就是 36×24 mm^2 内排列 2 102.63 万个像素点，其相邻两像素点间的距离只有 6.41 μm（36 mm 宽 /5 616 个点 =6.41 μm/ 每个点宽度；24 mm 宽 /3 744 个点 =6.41 μm / 每个点宽度）。这样微小的间隔，是为放大后判读、制图用的，远远超过了人类肉眼的分辨率。人类肉眼的明视距离 25 cm，公认的正常分辨率为 0.06~0.12 mm，平均分辨率为 0.09 mm，也就是说，如果小于 90 μm 的物体，肉眼就很难分辨。

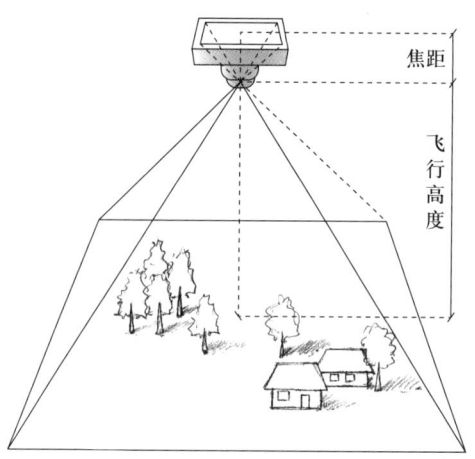

图 5-11 数码相机焦距和分辨率关系示意图

照片上 6.41 μm 的长度称为照片分辨率，相当于地面长度（地面分辨率）多少呢？这与照相机的焦距和无人机的飞行高度有关，因为飞得越高，看得面积越大、内容越多，难免每个点的信息就越少。上述航拍相机镜头焦距 h=35 mm=35×10^{-3} m，飞行高度 200 m，像素 I=6.41 μm=6.41×10^{-6} m，那么根据简单的几何学关系，地面分辨率 L / 照片分辨率 I = 飞行高度 H / 镜头焦距 /h，即：L / 6.41×10^{-6} m= 200 m / 35×10^{-3} m，则：

$$L=200 \times 6.41 \times 10^{-6}/35 \times 10^{-3}=36.63 \times 10^{-3} \text{ m} \approx 3.7 \text{ cm}$$

地面分辨率是能够在照片上区分两个目标的最小间距。1 个目标如果在照片上只是 1 个像素点，那么不管把照片放大多少倍，依然只是 1 个像素点，不能看出来这个目标的内容。如人的肩宽约 0.5 m，在地面分辨率为 0.3 m 的图片上占 1~2 个像素点，尽管可以从照片上发现有目标，但这个目标是人或者是物，靠一两个像素点是确定不了的。所以，分辨率并不代表能从照片上识别地面物体的最小尺寸，而要从照片上认出一个目标就需要有若干个像素点在照片上来构成该目标的轮廓。

5.2.7 航片分辨率和地形图比例尺的关系

测绘部门对 DLG 数据都是通过比例尺来区分数据的精度。通常把 1∶500、1∶1 000、1∶2 000 和 1∶5 000 比例尺称为大比例尺，而 1∶10 000、1∶25 000、1∶50 000、1∶100 000 称为中比例尺；1∶200 000、1∶500 000、1∶1 000 000 称为小比例尺。在工程建设中常要用到大比例尺地形图，在城市、乡镇建设的规划中一般使用中比例尺的地形图，在较大范围内的宏观评估和研究采用小比例尺的地形图。

数字影像最终制作 DLM 图的工作中，其中最主要的一个环节就是目视解译或者人机交互解译，这往往需要依靠解译经验（人工知识），以影像的合适分辨率为基础，完成一定比例尺的成品图。考虑到影像图都是通过分辨率来描述精度的，那么究竟分辨率和比例尺有怎样的关系呢？或者影像图和矢量地图进行配套使用的时候，如何来配套分辨率和比例尺呢？

将数字影像上的一个点周边若干个点集合成大一些的单元，就可以判读这个较大单元内部的基本内容。通常，从照片上能够识别目标的最小尺寸应等于地面分辨率的 4~5 倍以上。例如地面分辨率为 10 cm 的点，周边相邻纵横各 5 倍即有 25 个点，基本可以分辨这个约 50 cm × 50 cm 的物体大致内容。如果需要反映更细微的地物，如 20 cm 直径的树木，则需要地面分辨率为 4 cm 的更细致的航片做基础。反之，如果航片分辨率较低，难以分辨更小物体的轮廓。

一般认为航片分辨率越高越可以制作大比例尺的地形图，50 cm（500 mm）大约是乡间田埂小路的宽度。当用纸质地形图上最细的线画出这条小路、宽度是 2.5 mm 时，这张图的平面比例尺就是 1∶200；当图上以 5 mm 宽度代表 50 cm 的小路时，那么比例尺就是 1∶100。可见地形图的比例尺与数码照片的分辨率没有直接的数学关系，地形图比例尺的确定是由使用者根据周围环境内容、分辨率和制图用途综合来确定的。如果只需要反映较大地物及周边环境，如梯田、房屋、道路、大树等，而不需要标示更细微地物的话，地面分辨率为 4 cm 的数字影像可以制作任意大比例尺的地形图。反之，航片分辨率较低，如只有 20 cm，那么只能分辨地面约 1 m^2 的物体的外形，而难以分辨较小物体的轮廓，这样的航片只能表达大的地形地物，制作 1∶1 000 或更粗略比例尺的地形图。

5.3 无人机遥感测量的工作程序和内容

无人机遥感作业包括内业设计飞行任务、外业飞行作业、采集数据进行软件分析等步骤。

5.3.1 内业设计飞行任务

1. 识别作业区

用谷歌卫星地图、微软卫图、诺基亚卫图等，确定作业区的边界。一般适当扩大 5%~15%，提高成品的保证率。

2. 初步规划作业航线

（1）规划参数

平立面规划是计算机软件自动生成的。生成的依据一方面是无人机本身设备参数，包括相机焦距、速度等；另一方面是环境参数，包括地形地貌、地面分辨率要求、风速、照片重叠率等。这些参数设置确定之后，计算机软件自动生成航线的平、立面。

规划软件多数提供了还有电子围栏选择，即测区周边一定半径的圆形边界，触及围栏边界时，无人机折回，避免丢失。视环境情况，围栏适当扩大到作业区外的 50~100 m。在这个页面，可以设置地面分辨率、照片的重叠率、使用高程数据来设置绝对航点海拔（加载谷歌地图的数据、自动调整飞行高度、做到等高拍摄的效果），以及飞行次数、飞行时间等参数。

如图 5–13 所示，深黄线为测区边界，浅黄线为规划飞行航线，外圈宽黄线为禁飞围栏。

（2）平面规划

这是软件生成无人机的飞行路径，是一组平行的折返线。根据高度、风速等因子，飞控程序自动计算出航线上相机拍摄的时刻，基本达到一定时间间隔来保证一定间距的"等距摄影"的效果，使相对一个地面点，其前后左右若干照片的重叠率，应达到 60% 以上，为 60%~85%。如图 5–14 所示，红线为测区边界，黄线和浅黄线分别表示飞行航线和地面投影。

（3）立面规划

坡地上高差大于 50~100 m 的时候，软件一般会自动进行飞行高度规划，使摄影相机对地面的相对高差不会差别很大，否则会使分辨率产生较大不同。一般而言，相机焦距一定时，飞得低一些，清晰度会较高。

5.3 无人机遥感测量的工作程序和内容

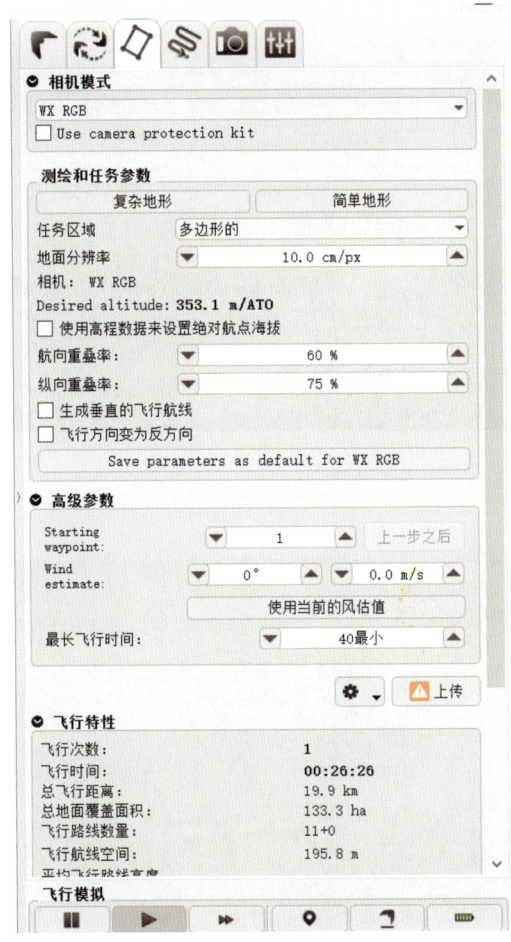

图 5-12 飞行航线参数选择

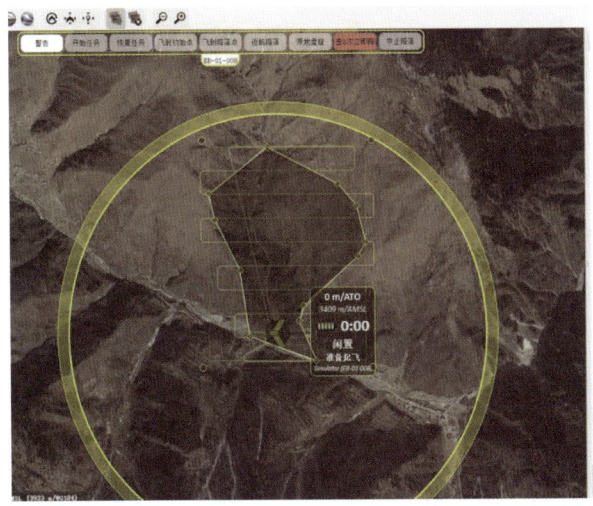

图 5-13 飞行航线和电子围栏示意图

5 无人机系统遥感测量概述

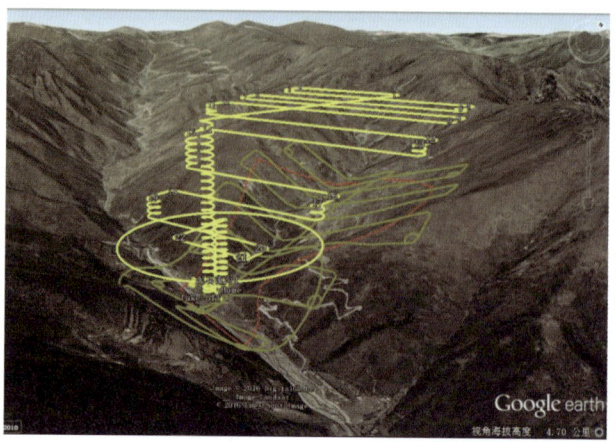

图 5-14 规划飞行区平面和立面航线

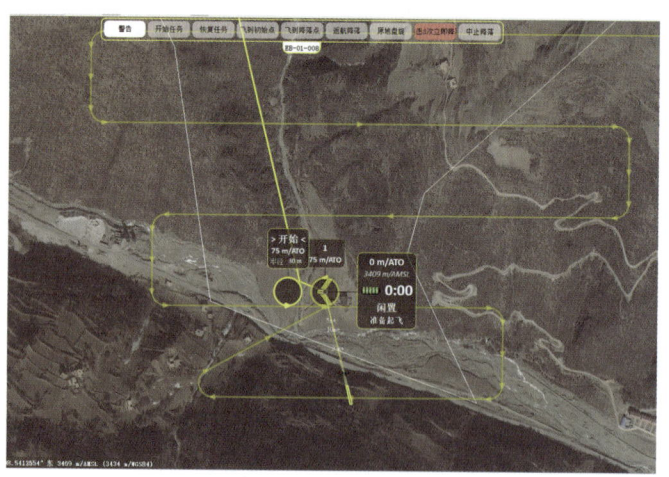

图 5-15 规划无人机降落点示意图

5.3.2 飞行外业作业

延续前述工作,飞行外业包括实地优化飞行航线、飞行作业和现场导入基础数据等。

- 测区实地勘察,在真实环境中复核飞控程序。在谷歌等电子地图上一般不能发现细致的树木、电线、楼房、水体等地物阻障,在现场要找到并标记,避免撞机。
- 优化飞行航线,尤其重视起降点设计,模拟飞行。无人机摄影航线较高,一般高于 150 m,一般不会遇到阻碍;但起降点近地面有各种环

5.4 图像后处理软件介绍

境阻障,需要避开、远离。以上准备工作完成后,利用航线规划程序进行计算机上模拟飞行,这是和真正的飞行一样的场景,加载高程数据后,可以在谷歌地图中看到飞机飞行的航线。复核电量、时间、航线和起降点合理性,发现飞行的过程中可能遇到的问题。

- 设置地面相控点。
- 飞行作业和回收。
- 初步导入和分析航线、数字照片的数据质量和完整性,必要时补充或返工。

图 5-16 设置地面相控点

5.4 图像后处理软件介绍

无人机采集影像照片之后,需要使用图像后处理软件,从而生成地理信息数字化的地形模型,进一步可以计算面积、高度、体积等数据。无人机只负责取得摄影图片数据,用户另外单独采购软件,完成后期内业工作。

摄影测量的图像后处理软件非常多,专业化的软件售价百万元以上。前面介绍的无人机常用的照片数据数字化建模软件,有 Pix4D、Photo Scan、APS、im 等为代表,这类软件提供了测绘基础数据将各个点位数字化,主要信息为地理坐标(经度、纬度、高程),有些还能带有颜色等附加信息。其数据类型主要为点云数据、正射影像数据(DOM)和等高线(通常情况下无人机测量只能获得 DSM 而不是 DEM),售价在 5 万元~10 万元。

5.4.1 Pix4D 软件后期处理

这是测绘无人机后期处理常用的一款软件。实际上类似软件除外观界面有所不同外,使用步骤和功能大同小异。通过以下对本软件功能和使用步骤的介绍,可以作为其他软件的使用参考。

1. 导入和加载照片

导入和加载需要制作的照片。

2. 初始化(Inatial)

这一步做出的是将照片上无数的点,经过复杂、大量的计算,定好这些点在空间各自的位置。密密麻麻的点构成点云,点与点之间不连接,但这些点大致组成了物体的基本结构。正射影像图和 DSM 图还不完整。

经过初始化,获得这些图片做出的点云图,可以看到每个点和照片的匹配情况。

图 5-17 数据初始化步骤界面

3. 点云加密,生成模型(Densification)

将点云进一步加密,做出更细致的三维立体模型,为最后一步生成由点到面互相联系、无缝的三维模型打基础。

4. 建立最终三维模型,生成正射影像图、数字地表模型

由点到面,三维模型从顶面以 90° 俯视,即为很清楚的数字正射影像图。全部制作完成以后的 3 个文件夹如图 5-21 所示。

5.4 图像后处理软件介绍

图 5-18 点云加密后的地表模型

图 5-19 数字表面模型（DSM）

图 5-20 正射影像图（DOM）

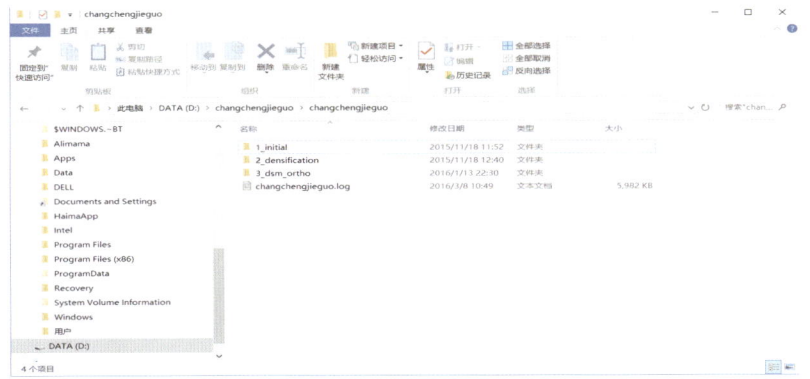

图 5-21 存储成果文件夹

5 无人机系统遥感测量概述

5. 数据延伸使用

软件可以生成各种不同格式的电子版文件,如 3DMAX、MAYA、CAD 的 .dwg 格式等,方便进行后续处理。另外,还可以利用软件确定空间路径,支持生成动画;并且可以将细化的实地建模成果放在 Google 地球上,直观地看到本项目,并分析其与周围环境的关系。

图 5-22 Google 地球上的 DOM 图(亮色部分)

利用数字模型,可以测量物体的面积、体积。

图 5-23 测量红色的烽火台的数据

5.4.2 软件 Agisoft PhotoScan 后期制作简介

Agisoft PhotoScan 是一款致力于自动生成高质量 3D 模型制作的软件，售价约 3 800 美元，每年另有使用费，它能够将多幅平面影像进行重建，建立 3D 模型。其他类似软件的建模工作程序也基本相同，首先是在文件夹中导入所有要照片，之后的照片处理可分成三个阶段：

- 软件自行对齐照片，找出拍摄角度和距离，全部完成后将建立密集云，计算每一点之间的关系，将每一个识别出来的点列入密集计算中；
- 生成网格，有了各个点间的矢量函数关系，软件便于按照实际情况将它们连接起来，构建成为点线面的 3D 模型，此时已建立出一组平面影像的 3D 外形；
- 最后生成纹理，软件根据建立密集云时的数据，将平面影像分配给 3D 模型。此时的模型拥有内部结构和外部图像，已经形成了初步的 3D 模型，可以输出正射影像图、DSM 图等。

当然，建模之后肯定会是粗糙的基本模型，后期还需要 3DMAX、MAYA、CAD 一类的软件进行后期的加工。所以，可以输出多种格式的文件。

5.5 相关地理信息软件介绍

5.5.1 地理信息系统简介

地理信息系统（Geographic Information System，GIS）结合了地理学、地图学、测量学等的内容，作为获取、整理、分析和管理地理空间数据的重要技术方法，近年来得到了广泛关注和迅猛发展。由于信息技术的发展，对于空间数据的获取、存储、显示、编辑、处理、分析、输出和应用等功能正在不断地改变着我们的生活和工作。

地理信息系统包括硬件、软件和数据库等部分。

硬件主要是指数据的获取、存储、分析部件。对于数据获取方式，在初期主要是采用卫星的遥感数据，获得大尺度、大空间的测量数据，后来随着科学技术的发展，获取数据的方法和精细程度越来越高，比如飞机的航拍采集、地面的测绘设备等，无人机的出现填补了大空间和小空间测量技术之间的空白，丰富了测量手段。

GIS 类软件。国外代表性的是 ArcGIS、Global Mapper 等，国内比较知名的 MapGIS 系列、Super MapGIS 系列、IMAGIS 等产品、北京市灵图软件技术有限公司的三维 GISVRMap3.0、武汉吉奥信息工程技术有限公司的 GeoStar 系列。这些软件都是以 GIS 为核心进行二次开发的专业性、应用性更强的软件。

ArcGIS。该软件是迄今为止被公认的功能强大的 GIS 软件，具备高级编辑工具，高质量绘图法；它使用的是元数据标准，可以读取 40 多种数据格式；其开放的拓展模块，可以让高级用户对其进行二次开发，满足专业用户需求。

Super MapGIS。由北京超图地理信息技术有限公司研发，是国产 GIS 软件中的佼佼者，该软件的专题表达应用比较细致，可以满足很多行业的需求，比如城市规划、虚拟设计等。但其核心技术比起国外同类产品还有一定差距，二次开发功能还不能很好地满足高级用户的需求。

IMAGIS。适普软件有限公司的 IMAGIS 是和基础测绘应用结合紧密的一款软件，三维可视地理信息系统 IMAGIS 将 4D 产品（DEM、DOM、DRG 和 DLG）作为综合处理对象，将可视现实和虚拟现实进行了高度的集成，从管理意义上真正做到"所见即所得"。以公司核心技术支撑的遥感影像处理系统 ImageXuite RS，在航空、航天遥感影像的无缝镶嵌和信息融合技术上具有速度快、精度高的特点。

VRMap。是中国灵图公司开发的国际领先的三维地理信息系统平台软件，可以在三维地理信息系统与虚拟现实领域提供从底层引擎到专业应用的全面解决方案。其海量数据处理能力、高级仿真效果、快速集成传统 GIS 数据构建场景，在城市数字化工作中应用较多。

5.5.2 谷歌地球的基础知识

1. 简介

谷歌地球（Google Earth，GE）是一款虚拟地球仪软件，它把卫星图像、地图、百科全书和飞行模拟器整合在一起，布置在一个地球的三维模型上。GE 的影像是卫星影像与航拍的数据整合，并非单一数据来源。另外 GE 里可有两种坐标系供选择：WGS-84 地理坐标系和 WGS-84 通用墨卡托投影（UTM）。

谷歌地球可以以平面和三维立体的形式查看，它的全球地貌影像的有效分辨率至少为 100 m，通常为 30 m，视角海拔高度（Eye alt）约为 15 km。针对城市、文化、风景区等区域会提供分辨率为 1 m 和 0.5 m 的高精度影像，视角高度分别约为 500 m 和 350 m。目前可以看到高精度影像的城市多集中在北美和欧洲，中国大陆有高精度影像的地区有很多，几乎所有大城市都有，其他地区往往是首都或重要城市才有。另外大坝、油田、

5.5 相关地理信息软件介绍

桥梁、高速公路、港口码头与军用机场等也是 GE 重点关注的对象。

2. 谷歌地球对无人机测绘的支持

谷歌地球提供给大众一个大尺度的环境概况，非常适合前期的内业工作使用，由于谷歌数据具有世界标准属性，在无人机的开发设计中的数据处理，自然而然地使用了这一标准，基本现在所有涉及航线规划的功能都是依托谷歌地球进行。工作程序一般都是先在谷歌地球中进行航线初步设计，然后导入飞行器的飞控程序，到达现场再进行细调。

依托这一通用标准，航测后的数据也可以导入谷歌地球，对该区域的地形模型进行数字化精细化加工。

5.5.3 软件 Global Mapper 主要功能

在无人机摄影测量建模之后，所有数据都是矢量数字化的。Global Mapper 等软件可以根据其在空间的相对位置，获得平面、立面(剖面)的数据，计算面积、高度、体积等有关数据，并且可以进行数据的分类和统计。

1. Global Mapper 简介

Global Mapper 作为一款简便易用的 GIS 数据处理软件，可以对无人机得到的 DOM、DEM 等数据进行深一步的处理应用。它能处理各种常见的矢量数据、栅格数据和高程数据等地图数据或空间数据，形成各种空间数据集，并提供查看、转换和其他常用的 GIS 分析功能。其 GIS 功能主要有：数字化统计、计算距离和面积、栅格数据处理、数据属性查询、视域分析、体积挖填计算等。高级功能与工具有：图像校正、栅格分析与计算、生成等高线、分水岭划分、地形对比、三角网格、处理 3D 点云等。Global Mapper 同样适合作为一个企业级的地理信息系统的一个组成部分。

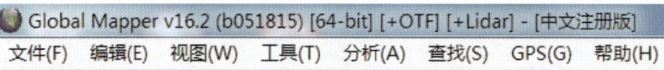

图 5-24 Global Mapper 的功能条

Global Mapper 可以同时满足制图新手和经验丰富的 GIS 专业人士。它具有的特点包括：①成本低，易于使用的 GIS 解决方案；②支持的地理空间数据格式多，共计 225 种；③可选 LiDAR Module 用于高级处理；④可以利用 GeoCalc 库中的 GEM 组件；⑤可以作为导航软件使用，通过加载矢量地图或经过本软件校正过的普通地图后，无需联网，通过接收机即可为用户提供实时导航状态，以及绘制航线图；⑥免费的售后服务和技术支持。

5 无人机系统遥感测量概述

Global Mapper 软件包括数字化工具和数据分析两大部分主要功能，在功能框的工具（Tools）和分析（Analysis）两个选项中。以下结合具体实例，进行简要介绍。

2. 使用数字化工具

使用数字化工具（Digitizer Tool）对正射影像中的地物进行矢量化，之后便可对矢量化的区域进行面积、长度的统计。数字化工具还可以用于编辑矢量数据，编辑和修改点、线、面等矢量数据的形状、位置及属性等，并可以绘制各种样式的矢量数据。

① 对地物进行圈选，图 5-25 所示左侧红色线框内为住宅小区，绿色线框内为大棚，蓝色线为道路。对建立的矢量图形进行测量，可以得到线框内的面积、长度等信息。

② 缓冲区分析。Global Mapper 的所谓缓冲区，指框选出的一定区域，将对其中数据信息的统计。Global Mapper 可以轻松地生成点、线、面等数据的缓冲区，用来分析场界、影响范围等。在图 5-26 中对道路两侧设置了缓冲区，选取道路的红色线框，以其为基础生成外围 100 m 的缓冲区，如图中绿色阴影部分区域。选中后对缓冲区内部的地物可以进行测量。在公路环境管理中，可用来分析路侧一定影响范围内房屋、农田、植被等的数量等信息。

图 5-25 对矢量化的地物进行圈选示意图

5.5 相关地理信息软件介绍

图 5-26 对缓冲区内各矢量化的要素进行特征统计

3. 进行数据分析

主要对 DEM 进行数据分析（Data Analysis）处理，可以结合分析两组 DEM、生成等高线和山脊线、流域分析、表面体积计算、视域分析、剖面分析、模型水面上升/下降等。

（1）生成等高线

图 5-27 为根据 DSM 生成的等高线示意图，根据图 5-27 所示，可知此地区北低南高，西侧为一山体。

（2）剖面分析

图 5-28 为在 DEM 上由西向东绘制 3D 路径得出的剖面图，由剖面图可知，当地的地势西高东低。

（3）3D 视图

图 5-29 是在加载 DEM 后，生成的 3D 立体视图。可以看出，图 5-28 中的房子等高出地表的地物。

（4）模拟水面上升

设置水位高度，查看淹没区域。图 5-30 为水位设置为海拔 1 130 m 时，淹没区域的示意图，除中间较高区域外，其余区域均被淹没。

149

5　无人机系统遥感测量概述

图 5-27　生成等高线

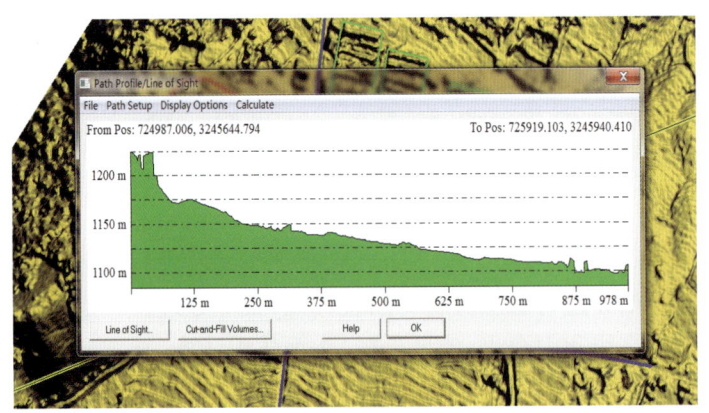

图 5-28　剖面分析

（5）挖填方计算

挖填方计算方法分为两种，一种以线文件为主体，计算其一定缓冲距离内的挖填方量；另一种以面文件为主体，计算面文件内的挖填体积。图 5-31 所示是长 0.3744 km、宽 5 m、离地面 10 m 高时的填方量。

（6）堆体积体积计算

此模式下可以快速计算体积，它以面文件的边界在 DEM（地面上）的高程为基准，来计算切出的体积（此功能为 VOLUME –Measure Volume –Cut and Fill 的特殊情况，可以用来快速计算山的体积或者凹陷处填方的体积）。图 5-32 是计算某封闭图形堆体积所显示的结果，其填充面积为 45 228.59 m^3，封闭面积为 0.015 41 km^2，线长为 0.499 1 km。

5.5 相关地理信息软件介绍

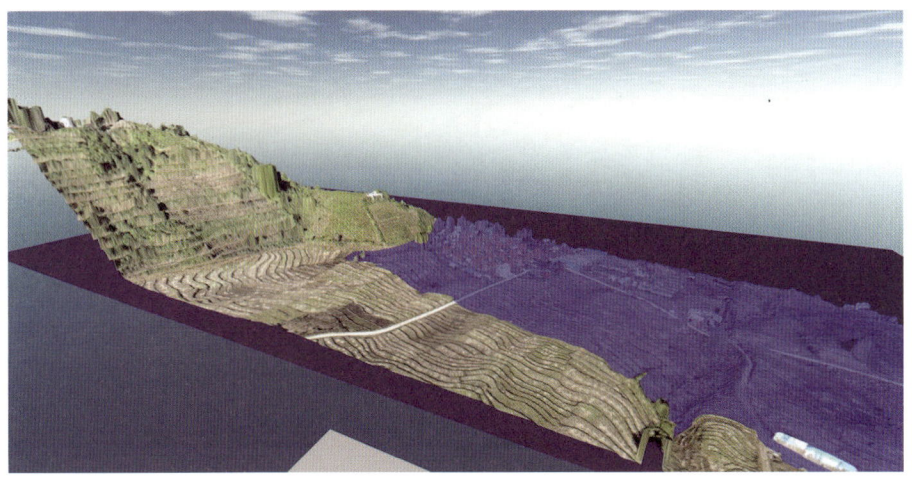

图 5-29　3D 视图

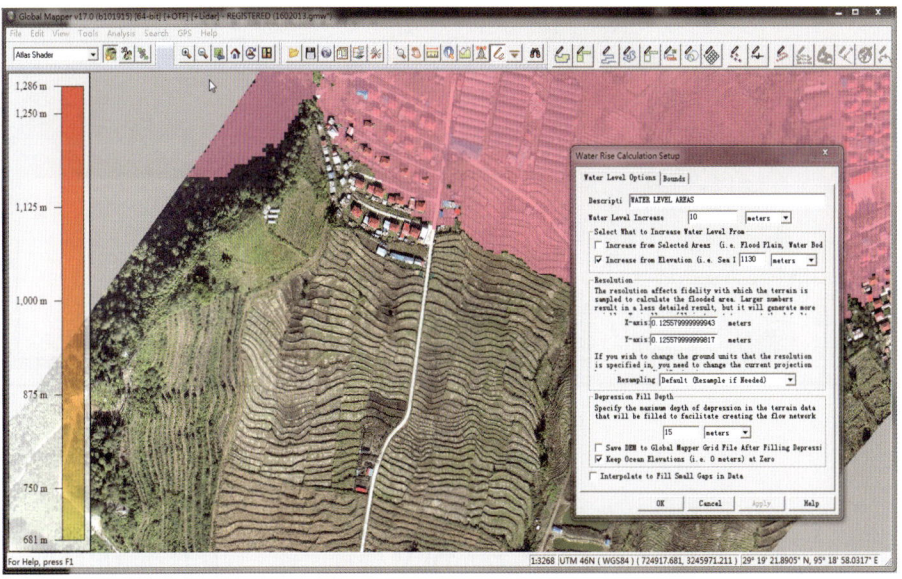

图 5-30　淹没区模拟

5 无人机系统遥感测量概述

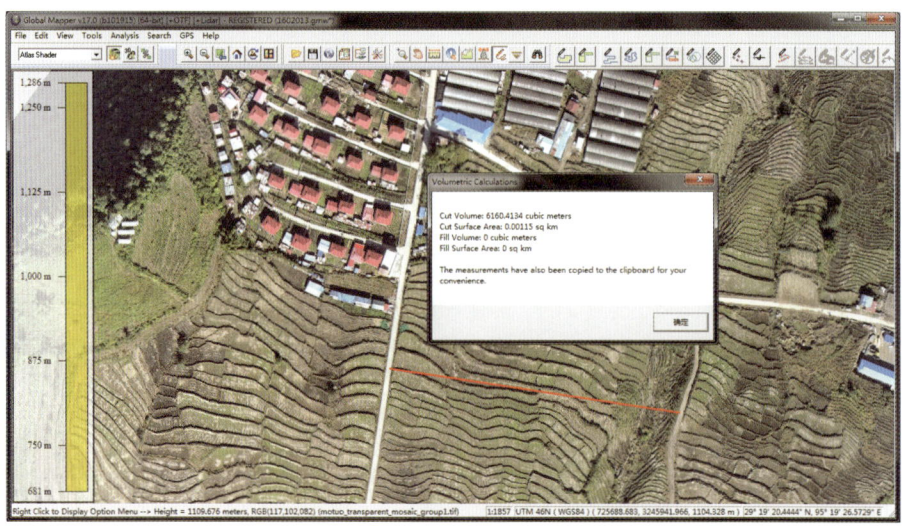

图 5-31 填挖方计算界面

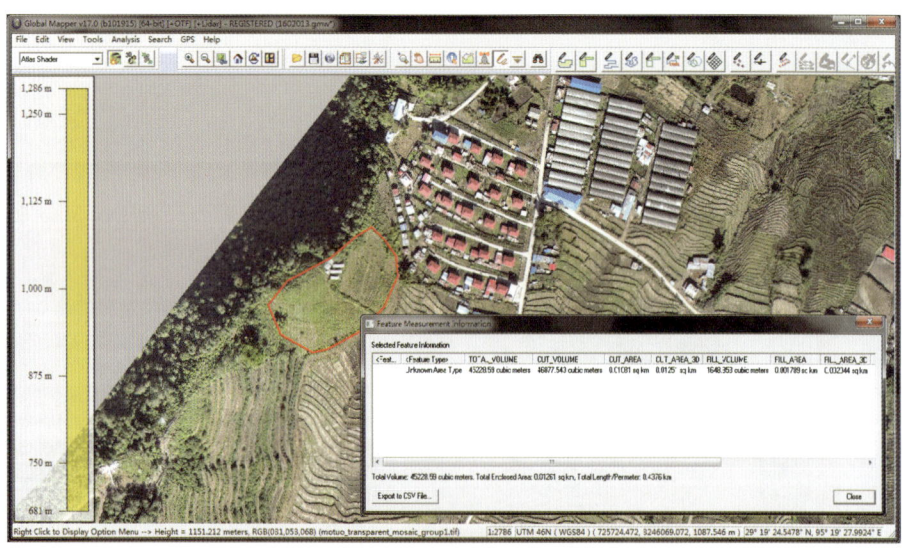

图 5-32 堆体积体积计算

（7）两个 DEM 文件的体积对比计算

某个封闭图形，可将其中的多个 DEM 进行比较，软件自动给出结果。

（8）结合/比较地层

当加载两个不同的 DEM 文件后，可以通过结合/比较地层（Combine/Compare Terrain Layers）命令对两个地层进行运算，求出两个地层的加和、差值、平均值、最大值、最小值等。图 5-33 为求出两个地层的差值 DEM，然后计算此差值 DEM 相对于地面水平面的体积。

5.5 相关地理信息软件介绍

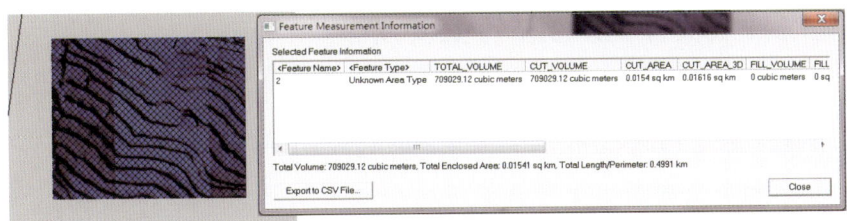

图 5-33 比较地层功能用于土石方量比较

（9）平铺地层

图 5-34 为设置的封闭图形的高程属性值大于地表的平均高程值，生成的为台地，此功能可模拟堆放设计并算出堆放量。图 5-35 为设置的封闭图形的高程属性值小于地表的平均高程值，生成的结果为一个凹陷深坑。可模拟挖方设计，计算挖方量。

图 5-34 设置生成台地　　　　图 5-35 设置生成凹地

（10）计算平台体积

此功能倾向于计算，可以平铺面。图 5-36 为选择的高度为 1 150 m 的示意图，给出平台顶高后就可以计算平台的土方量。

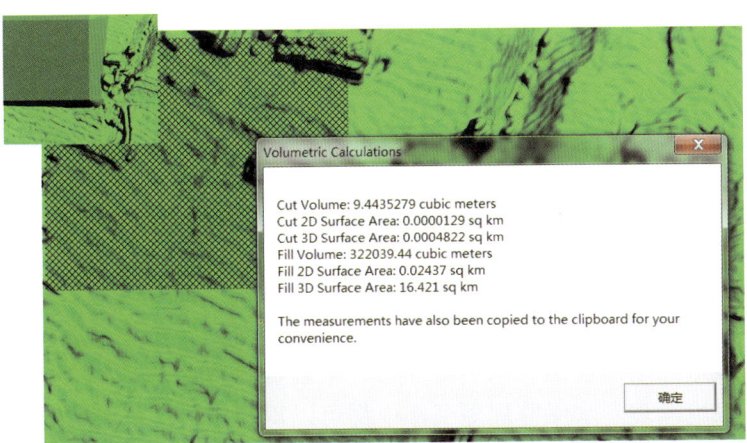

图 5-36 计算平台体积

5 无人机系统遥感测量概述

5.5.4 软件 ArcGIS 的主要功能

ArcGIS 软件比前述 Global Mapper 等一般的 GIS 软件的功能更强大，除了前述软件的功能之外，还具有更多的数据统计功能。

1. 基础数据测量

测量长度、面积、体积是 GIS 类软件的基础功能，无人机航拍处理后的 DSM 导入 GIS 就可以进行计算和统计。

2. 完善 3D 模拟

GIS 软件多数都具有利用各点的平面、高程坐标生成立体模型的功能，通过叠加 DOM 可以将矢量地形模型的表面纹理表现更加细致。

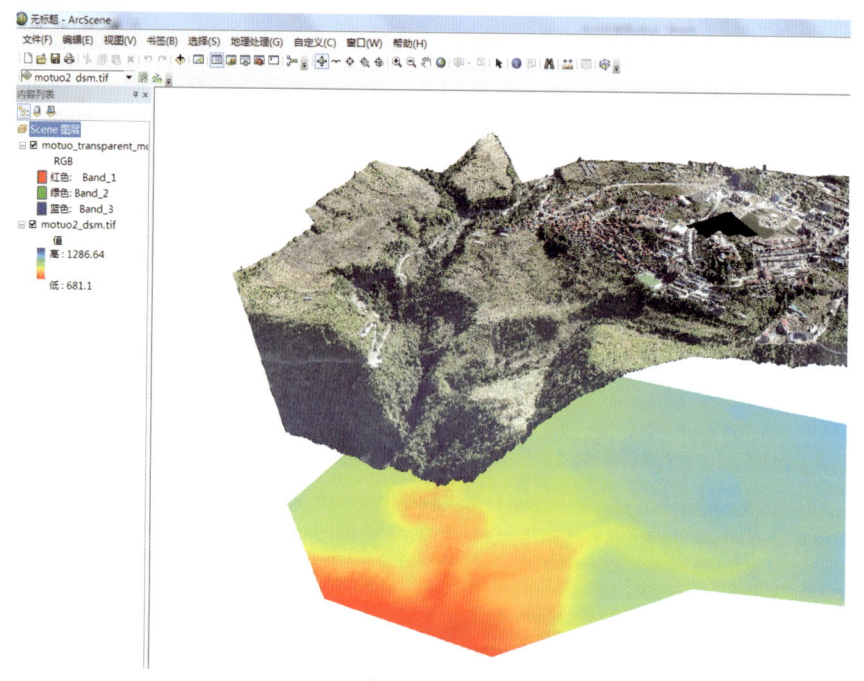

图 5-37 精细化后可多角度查看的 3D 视图

3. 叠图分析

如果想要了解工程建设不同时期的变化情况，那么利用 GIS 软件将不同时期的图件进行叠图分析，就可以获得关注区域的二维或三维变化数据。这在地表水体动态监测、水资源评价、生态资源调查、土壤侵蚀监测、工程施工环境监理、水保监理等工作中都可以得到应用。对水质变化情况的监控，可以通过观测相关指示性植物的变化情况来了解富营养化空间分布

5.5 相关地理信息软件介绍

及动态评价。在港口、码头、锚地等海域水域，通过无人机采集基础数据，可以对区域内的油污染情况进行测量，对于发生事故时可以及时得出污染面积和泄漏量；也可以为防控措施的实施提供准确翔实的数据支持。

对区域的不同时期矢量化模型进行比较，图 5-38 所示为 2002 年拍摄的影像，图 5-39 为 2015 年拍摄的影像。将两个时期的矢量图在 GIS 软件中叠合，在图框区域同一范围内可以清楚地看出，现在的大棚区域之前是普通耕地，面积为 0.024 km^2；北侧的学校进行了操场翻新，西侧居住区进行了扩建，相关面积数据可以通过对比得出；同时还可以统计如地形、体积等数据。

图 5-38 原农用地范围和面积

图 5-39 现建筑用地范围面积

4. 数据传递

GIS 软件具有强大的数据兼容性，能够满足数据的交换应用，可以选择导入、输出各类常用软件的数据格式。多种软件的结合处理，丰富了数据表达方式和应用。

使用数据箱中的转换工具，可以将各种数据转换为常用的格式。图 5-40 为将栅格格式的 DSM 数据转换为文本格式。

5. 数据统计分析

GIS 具备的最强大的后期数据分析汇总功能，前期数据分类做得细致的话，对于后期数据汇总、统计等具有非常大的优势，可以为决策者提供多种建议方案，给出精准数据对比，进行资产管理。

在对栅格数据进行矢量化之后，打开文件的属性表格，通过添加自定义字段，对数据进行统计，从而达到管理的目的。例如对整个小区的住房进行统计放到一个表格中，生成这一个小区的详细资料。或者针对每一住户进行建表，这样当单击某一住户时，就可以得到该住户的数据。

5 无人机系统遥感测量概述

图 5-40 数据格式转换

5.5 相关地理信息软件介绍

图 5-41 数据分类管理统计

6 无人机系统可持续发展

除了军事功能，无人机未来可能给我们普通民众在生活中带来更多的惊喜。我国目前民用无人机尚处于发展的前期阶段，以普适化技术为驱动，各个企业一起面对激烈的同质化竞争，在很多细分领域还未出现龙头企业或产品。在无人机的产业链上，随着技术和商业应用的不断成熟，其应用领域也愈加广泛，百家齐放的无人机市场正在逐渐呈现日趋细分化的趋势。一些企业看重并深耕环保、水利等某一细分领域或品牌的开发、拓展，开始向细分领域聚焦，为用户提供完善的行业应用解决方案。对于各个行业的用户而言，其特殊的需求是专业化、细化和变化的，特别是工业级无人机领域，"无人机+"未来的发展方向必将走向专业化细分领域的深层次开发。在细分的市场里，由于专业化的先到优势，以及自我保护等原因，竞争并不很激烈，这为企业提供了良好的发展环境。

6.1 无人机系统的发展未来

无人机系统的应用，首先需要建立和完善法规和标准化体系。在无人机机体技术中，比较成熟的是GPS、微处理器、微型电机和发动机、传感器等，尚欠成熟的是超视距通信、感知和规避、动力系统等。今后技术的发展将分别在"人、机、地、载、链"全方位、各环节，提升系统功能和质量；围绕行业需求，细分和深耕专业化应用领域。

6 无人机系统可持续发展

6.1.1 法规标准和管理技术的完善

限制无人机系统应用的最大瓶颈就是安全。首先，需要进一步明确无人机在通用航空中的地位；理清无人机产品认证、产品和使用者注册、空域划分和批准、飞行中识别和可监管等一系列问题的管理思路，出台针对性的法律和规范，解决"黑飞"问题。其中地理围栏应该是十分接近可推广的技术，在厂商和用户测试之后，管理机构将确定一个通用的数据格式（如有关地图数据），在开放的网站界面上提供这些信息。

其次我国缺乏无人机相关标准。需要以有关性能指标为核心，建立人、机、地、载、链等各分项技术标准；建立健全无人机行业准入、研制生产的产品标准；建立销售和使用登记数据库等。标准的建立从上到下和从下到上两端推进，行业和国家标准给出体系的框架，团体和厂商标准是市场选择的事实标准，力求贴近市场，其中成熟的标准可不断提升和完善成为行业和国家标准。

6.1.2 无人机飞行员的发展

1. 飞行员培训

我国目前实行小型以上专业化无人机的驾驶员实行培训、认证管理。未来是否对于微型消费级的无人机进行驾驶员管理尚未可知。截至2016年5月31日，全国获得AOPA颁发合格证书的无人机驾驶员共计4 986名。这与快速发展的无人机应用极不适应，据估计全国有5万名无人机操作者，其中更多的人员是在无证操作。随着规范化管理，以及单位和使用者安全意识的增加，未来将有更多的驾驶员参加培训，成为合格的飞手、机长和无人机教练员。

2. 无人机驾校

截至2015年年底，全国有57家公司开展无人机驾驶员培训业务，为考试合格者颁发相关合格证书，这个数量平均不到每省（自治区、市）两处，许多省（自治区、市）没有一所培训驾校。2016年以后，将有更多的培训基地加入到合格驾校的名单中。目前，由于驾校少、教练少、经验少、学员多，驾校的教学存在重理论、轻实践、周期长、收费高等问题，需要在发展中解决。

6.1.3 无人机机体集成技术的发展

机体一方面需要对机型外观、功能、飞控、材料、动力等各组成部分进行研究创新，另一方面还需要将各部分有机地集合在一起，成为安全、

6.1 无人机系统的发展未来

实用、高效的机体系统。

1. 机型

开发适合各种行业的无人机（图视频采集、小区域测绘、巡线、测产等功能），有时需要集合大而全的多功能于一身，有时更需要删繁就简，突出专业，降低成本。重点考虑的指标包括：轻便、方便地拆装、总重与电源配合的适当的续航时间、载具的专业化等。

在这方面，军品和民品的界限越来越模糊，微型化隐形化成为热点。微型无人机大的有燕子那么大，最小与昆虫相似。微型飞行器从原理、设计到制造不同于传统概念上的飞机，它是微机电系统技术集成的产物。据称美国国防部计划研发用于城市作战的微型无人机。该机将具备强大的自动功能，可以在狭小空间内飞行，执行侦察任务，可以在大约 10 min 的简短任务中飞行 1 000 m，中间无需与操作员直接联系，也不用 GPS 导航。这样的无人机，很难说不是民用高科技公司首先实现创新。

2. 动力

无人机动力面临长航时、高/低温极限环境、快速充电、安全可靠等明确的需求。电力动力无人机中，锂电池的能量密度是 150~200 W·h/kg；特斯拉使用的松下电池的能量密度是 210 W·h/kg，韩国 Kokam 的新电池的能量密度据称达到 265 W·h/kg，似乎已近瓶颈，人们不再看好进一步提升的前景。在中小型民用油料动力无人机中，发动机的攻关将使无人机的续航能力达到几个小时以上。另外，研发者把注意力转移到其他能源。石墨烯是一种划时代的新材料，应用石墨烯材料制成的新型电池，尺寸和重量均将变小，而且能量储存密度得到很大提高。更重要的是，它可把数小时的充电时间压缩至短短不到一分钟。随着批量化生产以及大尺寸等难题的逐步突破，石墨烯的产业化应用将带来电池产业的变革。太阳能的转换效率使它的应用目前看还仅是美好的未来。还有小型的新型锂空气电池、氢动力电池、钠硫电池等也在研发试验中。

另外，充电技术是解决动力的另一个方向，在太阳能野外充电站、无线充电站等方面，人们正不断地进行着创新。

3. 机体高新材料

材料决定无人机的强度，更决定其重量，进而制约着电池、翼展等整体布局。现在工程塑料、碳纤维等材料使用在机体结构中，占总重量的 30%~40%，电池、电机、集成电路、载具等占更大的比重。今后一方面挖掘更轻、强度更高的各组件材料，另一方面还需要物美价廉、模块化的易损件，如桨叶、机翼等替换等材料开发，降低用户的使用成本，还有开发如输变电巡塔巡线时绝缘的特殊机体材料等。

4. 飞控

无人机飞行控制系统面对着多环境、多指令、多功能、节能安全可靠等需求，同时提升处理视觉精确感知、自主避障等功能。科研人员将继续研究飞控的地理信息准确性，增强在大风、磁场、极端温度等环境中的适应性，同时满足飞行、拍摄、喷药、避障等多功能可操作性，增加可重复使用的安全可靠性。

5. 载具

无人机是飞行的平台，要适应各行各业的不同需求，就需要配置各种功能的载具，如红外多光谱相机、水气声多因子环境监测仪器、超视距即时图传设备等。集成设备的搭载、无人机专用设备的研发，都是无人机行业应用的发展方向。

6. 生产和研发

目前我国无人机生产厂家众多，据中国 AOPA 的统计，包括研发、生产、运营在内，我国目前共有约 400 家民用无人机企业，从业人员超过万人。这些企业以普适化技术为驱动，各个企业一起面对激烈的同质化竞争，产量小、标准化水平低，产品安全性差。今后精英公司发展成熟，必然带来生产率的提高、成本的下降，资源越来越向其优化配置。在生产技术方面，一方面是大众的、生产的标准化、可靠性越来越高，另一方面小众的、专业化的创新和生产能力也会得到升华。

6.1.4 无人机地面控制系统的发展

民用无人机的地面控制系统比较简单，主要包括地面导航、飞控、显示等主要功能，实现航迹规划、航迹显示、航迹再现和数据处理任务。

未来的地面站将更好地配合飞控系统和数据链系统，实现对无人机实时定位及导航功能；实现数据实时接收；利用虚拟图形仪表，对飞行姿态数据直观进行显示；将不同的功能分组显示，使控制界面更加简洁友好，最终将多种技术有序稳定地共同运行。各种无人机外观各异、机型不同，但飞控原理相通，开发通用的地面站可以适合不同无人机产品采用。

6.1.5 无人机载荷设备的发展

无人机载荷设备的发展，一方面依靠原行业的技术进步，如采用更轻便、清晰的相机，包括红外相机等；另一方面更需要无人机专用载具的自主创新，如开发高空环境的自稳云台、设计删繁就简的专业相机、集成多角度的多相机模块，植保行业创新专用机箱、连杆和喷头、农药剂型等适应无人机喷洒药的需要。

6.1.6 无人机图传的发展热点

在外业现场作业时，有时需要一机多屏显示，同时让有关人员看到实时画面；需要多机一屏显示，更方便地看到几处同时传回的画面；在风险快速跟踪、及时反应能力、应对环境和水利等的风险情形下，需要创新图视频采集、超视距、即时图传技术，在无公共网络的地方需要架设简便的地面基站，也希望在未来 5G 通信普及后，有更简便的解决方案。

6.2 无人机系统行业应用发展

6.2.1 消费级无人机

我们日常生活将越来越多地和无人机在一起相处。消费级无人机用于一般的旅行、集会等航拍，结构简单、维护成本低是最大的优点。从早期航模爱好者把相机 DIY 到多轴飞行器进行盲拍开始，空中影像的应用领域被逐步打开。至今的六七年时间虽然不长，消费类航拍无人机经历了不断的技术发展和产品迭代，我们可以把多旋翼无人机核心技术的应用和历史时期相结合，归纳出在时间轴上多旋翼无人机到目前为止的四个发展历程。

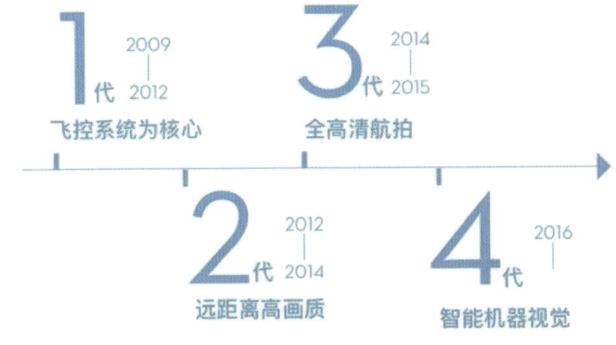

图 6-1　航拍无人机的发展

2009—2012：第一代小型多旋翼航拍无人机适应了飞控系统核心技术的时期。

2012—2014：在掌握飞控系统技术的基础上，无刷云台、高清广角相机和 Wi-Fi 数字图传这三大核心技术直接驱动消费类航拍无人机进入远距离高画质航拍时代。

2014—2015：继续发展了全高清图传、4K 相机和初级视觉悬停辅助系统三大核心技术，并增加 GPS 跟随等辅助功能，消费级航拍无人机进入到全高清航拍时代。

2016 以后：随着智能硬件和技术的快速发展，无人机可在一定高度和距离，对某一指定目标进行多方位动态拍摄，具备精确感知跟踪、自主避障等核心技术，开始了智能视觉航拍无人机时代。

除了以上功能方面的进步外，今后消费级无人机的质量更加可靠，可使用手机、平板计算机等简便操作；机型轻型化、小型化，从手掌大小的"竹蜻蜓"，到超薄平板的无人机，再到旅行箱携带的稍大型、可折叠、快拼装无人机，便于随身携带，甚至进行个性化定制；部分高端的消费机型也更加专业化。随着无人机功能的稳定性越来越高、产量越来越大，无人机将越来越亲民，其价格也将更加低廉。消费级无人机将更加普及，无人机行业也需要开创和传播航空文化。

6.2.2 无人机专业化软件和数据应用开发、服务

利用数字化的图视频数据，结合地理信息系统 GIS 等后续软件，可以进一步开发遥感测绘的地形地貌自动生成软件；智能交通中车辆识别与统计软件；交通林草覆盖率等作业软件；简便的地形测绘软件；一段监测周期内植被、土石方、农作物生长状况等各次成果的自动对比软件；森林火警识别与报警软件等。

云数据平台建设和管理。无人机这一空中平台的数据量将十分庞大，越来越多的数据，首先需要进行分类识别，赋予其时间、地点、事项等属性特征；后续按属性统计，研究其规律。今后将在建立各行业的专业云数据库，如地质灾害敏感区的遥感数据库，将具有及时对突发地质灾害点进行无人机航摄影像获取、处理及成果输出的能力，以及数据存储、比对的功能。

以软件、数据库等作为综合信息服务基础，相关企业可以建设服务平台如网站等，为客户提供数据定制化分析服务，进一步提升用户的智能化判别能力。

6.2.3 无人机设备和作业承包、技术支持、培训服务

许多行政事业单位、企业等人员编制有限，日常业务对无人机的需求不大或并不频繁，因此不设置专门的无人机驾驶员岗位。这时最好用采购

6.2 无人机系统行业应用发展

服务的方式,由社会化的无人机专业公司提供相关航拍、数据生成、管理等工作,招之即来、挥之即去,成本和管理更合理,服务质量也更高。具体可能包括:

性能良好的无人机出租;技术人员现场支持;远程技术支持;软件技术优化、升级;完全的整体解决服务等。

未来覆盖各个行业、满足各项需求的无人机功能越来越强大和全面,应用越来越广,对无人机驾驶,以及后续图视频编辑、遥感、测绘、数据库等培训的需求也将越来越多。

6.2.4 大数据时代的空中数据端口

作为"会飞的传感器",未来无人机在民用领域最具想象空间的应用可能是作为空中的数据端口,为连接全球的"大数据"系统提供更精确、更强大的基础数据流。

就无人机最普通的巡检功能而言,使用无人机来巡视农田,可以比卫星图像更真实地观测到农作物长势、自然灾害、土壤变化等信息。在未来的精准农业系统中,小型无人机可以用来观测作物是否缺水,将信息反馈给灌溉系统以调节水量。无人机通过数据链接入全球互联网,可以将收集的数据实时传输给分析师,用以推断甚至是全球农作物期货市场走势,帮助保险公司控制风险。

从个人信息数据的获取来说,无人机可以模拟 Wi-Fi 热点,嗅探移动设备的 MAC 地址,并根据信号的强度等对设备进行定位。搜集的信息汇总起来则可以绘制出用户的运动地图,呈现出他通常会路过的街区、商店等,进而有条件地对用户进行筛选,比如向"过其门而不入"的潜在消费者推送优惠促销信息。通过对个人运动轨迹的跟踪,可以更全面地把握人群的生活习惯,为厂商提供更精确的参考数据。此外,在紧急情况下,也可以通过定位移动设备来拯救生命,无人机通过受困者手机 Wi-Fi 信号来判断受困者的位置。

6.2.5 Wi-Fi 网络接入的平台

现在全球有将近四十亿的人口仍未连接互联网。无人机的能耗较低、飞行时间却较长,飞行高度既高于商业飞机的海拔,又低于卫星的高度,使得它可以稳定地为更大范围内的用户提供互联网高速接入服务。同时无人机具有很强的机动性,可以根据某一区域内的特殊需要来提供互联网接入服务。

Google 目前已经开始测试无人机,通过太阳能补充动能,在近地轨道续航 5 年而不用降落。Solara 高空无人机 50 m 宽，速度达到 104 km/h，最高可提供每秒高达 1 GB 的网络接入服务。未来 Google 的无人机可能会在小范围内提供大容量服务，而卫星则用于保证低速率需求地区的覆盖。Facebook 为了更好地为偏远地区居民提供可用的网络服务，成立了 Connectivity Lab（连接实验室），其使命就是开发包括卫星、无人机在内的互联网连接技术。Facebook 已经收购另一家提供类似技术的无人机产商 Ascenta。Ascenta 的太阳能无人机一次可在 20 km 高空持续飞行，滞空时间长达 1 个月。

6.2.6 无人机系统相关科研和培训

无人机产品的科研和培训可以在科研院所、大专院校的平台上开展，并结合企业创新和销售进行。作为一个成熟的领域，UAS 的培训已经并将深入地走向专业化、职业化的方向，走进科研院校、职业教育。培训的内容将包括：① UAS 基础知识；② UAS 各系统原理和研发；③ 相关软件的科研创新和使用培训；④ 无人机辅助数据库的研究和培训；⑤ 无人机驾驶员取证培训；⑥ 无人机维修保养；等等。

参考文献

按照法律法规、标准规范、图书、期刊论文、电子文献五类进行排列。

一、法律法规

[1] 中华人民共和国民用航空法. 全国人民代表大会常务委员会，1996–03–01，2015–04–24第二次修正.

[2] 中华人民共和国测绘法. 全国人民代表大会常务委员会，1992–12–28，2002–08–29修订.

[3] 中华人民共和国保密法. 全国人民代表大会常务委员会，1988–09–05，2010–04–29修订.

[4] 通用航空飞行管制条例. 中华人民共和国国务院，中华人民共和国中央军事委员会，2003–05–01.

[5] 中华人民共和国飞行基本规则. 中华人民共和国国务院，中华人民共和国中央军事委员会，2000–07–24，2007–10–18第二次修改.

[6] 通用航空经营许可管理规定. 中华人民共和国交通运输部，2016–05–19.

[7] 关于民用无人机管理有关问题的暂行规定. ALD2009022. 中国民用航空局，2009–07–09.

[8] 民用无人机空中交通管理办法. MD–TM–2009–002. 中国民用航空局，2009–06–26.

[9] 民用无人机适航管理工作会议纪要. ALD–UAV–01. 中国民用航空局，2012–01–13.

[10] 民用无人驾驶航空器系统驾驶员管理暂行规定. AC-61-FS-2013-20.

中国民用航空局，2013–11–18.

[11] 关于民用无人驾驶航空器系统驾驶员资质管理有关问题的通知. 中国民用航空局，2015–04–23.

[12] 低空空域使用管理规定（试行）（征求意见稿）. 中华人民共和国国务院，中华人民共和国中央军事委员会，2014–07–22.

[13] 轻小无人机运行规定（试行）. AC-91-FS-2015-31. 中国民用航空局，2015–12–29.

[14] 使用民用无人驾驶航空器系统开展通用航空经营活动管理暂行办法（征求意见稿）. 中国民用航空局，2015–12–30.

[15] 关于进一步贯彻〈测绘资质管理规定〉和〈测绘资质分级标准〉的通知. 国家测绘地理信息局，2010–04–12.

[16] 关于进一步做好无人飞行器航摄测绘资质审查有关工作的通知. 国家测绘地理信息局，2011–08–23.

[17] Unmanned Aircraft System Operations in UK Airspace – Guidance. CAP 722. CAA，Sixth Edition，2015–03–31.

[18] 测绘资质管理规定. 国家测绘地理信息局，2014–07–01.

二、标准规范

[19] 国家测绘地理信息局. 国测管发【2014】31号测绘资质分级标准，2014.

[20] 国家测绘局. CH/T 3002—2010 无人机航摄系统技术要求，2010.

[21] 中华人民共和国国家质量监督检验检疫总局，国家标准化管理委员会. GB/T 6962—2005 1∶500 1∶1 000 1∶2 000 地形图航空摄影规范，2005.

[22] 中华人民共和国国家质量监督检验检疫总局，国家标准化管理委员会. GB/T 15967—2008 1∶500 1∶1 000 1∶2 000 地形图航空摄影测量数字化测图规范，2008.

[23] 中华人民共和国国家质量监督检验检疫总局，国家标准化管理委员会. GB/T 7930—2008 1∶500 1∶1 000 1∶2 000 地形图航空摄影测量内业规范，2008.

[24] 中华人民共和国国家质量监督检验检疫总局，国家标准化管理委员会. GB/T 7931—2008 1∶500 1∶1 000 1∶2 000 地形图航空摄影测量外业规范，2008.

[25] 中华人民共和国国家质量监督检验检疫总局，国家标准化管理委员会. GB/T 23236—2009 数字航空摄影测量 空中三角测量规范，2009.

[26] 中华人民共和国国家质量监督检验检疫总局，国家标准化管理委

员会.GB/T 27919—2011　IMU/GPS 辅助航空摄影技术规范,2011.

[27] 中华人民共和国国家质量监督检验检疫总局,国家标准化管理委员会.GB/T 17157—2012　1∶25 000 1∶50 000 1∶100 000 地形图航空摄影测量解析测图规范,2012.

[28] 中华人民共和国国家质量监督检验检疫总局,国家标准化管理委员会.GB/T 13990—2012　1∶5 000 1∶10 000 地形图航空摄影测量内业规范,2012.

[29] 中华人民共和国国家质量监督检验检疫总局,国家标准化管理委员会.GB/T 13977—2012　1∶5 000 1∶10 000 地形图航空摄影测量外业规范,2012.

[30] 中华人民共和国国家质量监督检验检疫总局,国家标准化管理委员会.GB/T 17157—2012　1∶25 000 1∶50 000 1∶100 000 地形图航空摄影测量解析测图规范,2012.

[31] 中华人民共和国国家质量监督检验检疫总局,国家标准化管理委员会.GB/T 27920.2—2012　数字航空摄影规范 第 2 部分:推扫式数字航空摄影,2012.

[32] 中华人民共和国国家质量监督检验检疫总局,国家标准化管理委员会.GB/T 30115—2013　卫星遥感影像植被指数产品规范,2013.

[33] 国家测绘局.CH/Z 3003—2010　低空数字航空摄影测量内业规范,2010.

[34] 国家测绘局.CH/Z 3004—2010　低空数字航空摄影测量外业规范,2010.

[35] 国家测绘局.CH/Z 3005—2010　低空数字航空摄影规范,2010.

[36] 国家测绘地理信息局.CH/T3007.1—2011　数字航空摄影测量　测图规范 第 1 部分:1∶500 1∶1 000 1∶2 000 数字高程模型　数字正射影像图　数字线划图,2011.

[37] 中华人民共和国水利部.SL277—2002　水土保持监测技术规程,2002.

[38] 中国航空器拥有者及驾驶员协会.民用无人驾驶航空器系统驾驶员训练机构合格审定规则(暂行),2014.

三、图书

[39] 张祖勋,张剑清.数字摄影测量学[M].武汉:武汉大学出版社,2002.

[40] 李德仁,王树根,周月琴.摄影测量与遥感概论[M].北京:测绘出版社,2008.

[41] 喻权刚. 黄河流域水土保持遥感监测理论与实践 [M]. 北京：中国水利水电出版社，2013

[42] 廖小罕，周成虎. 轻小型无人机遥感发展报告 [M]. 北京：科学出版社，2016.

四、期刊论文

[43] 马轮基，马瑞升，林宗桂，等. 微型无人机遥感应用初探 [J]. 广西气象，2005，26（增刊）I：180–181.

[44] 勾志阳，赵红颖，晏磊. 无人机航空摄影质量评价 [J]. 影像技术，2007（2）：49–52.

[45] 杨维，刘云国，曾光明. 定量遥感支持下的红壤丘陵区土壤侵蚀敏感性评价——以长沙市为例. 环境科学与管理，2007，32（1）：120–125.

[46] 安尔康姆航拍队. 震区上空的无人机——"安尔康姆"赴汶川地震灾区航拍全记录 [J]. 航空模型，2008（7）：7–10.

[47] 周洁萍. 汶川地震灾区无人机遥感影像获取与可视化管理系统研究 [J]. 遥感学报，2008，12（6）：877–884.

[48] 张磊，陈爱国，冯丽慧，等. 小型无人机大气数据监测系统的设计 [J]. 微计算机信息，2008，24（10-1）：182–183.

[49] 金伟，葛宏立，杜华强，徐小军. 无人机遥感发展与应用概况 [J]. 遥感信息，2009（1）：88–92.

[50] 范承啸，韩俊，熊志军，等. 无人机遥感技术现状与应用 [J]. 测绘科学，2009，34（5）：164–165.

[51] 许小华，雷声，张秀平. 三峡库区土壤侵蚀定量遥感监测 [J]. 江西水利科技，2009，35（4）：253–256.

[52] 王新，陈武，汪荣胜，黄志行. 浅论低空无人机遥感技术在水利相关领域中的应用前景 [J]. 浙江水利科技，2010（6）：27–29.

[53] 王洋. 小型无人机大气数据采集系统的设计与实现 [J]. 航空电子技术，2010，41（1）：7–11.

[54] 臧克，孙永华，李京，等. 微型无人机遥感系统在汶川地震中的应用 [J]. 自然灾害学报，2010，19（3）：162–166.

[55] 梁志鑫，卢宝鹏. 无人机技术在生产建设项目水土保持监测中的应用 [J]. 吉林农业，2010（9）：137.

[56] 郎城. 无人机在区域土地利用动态监测中的应用 [D]. 西安：西安科技大学，2010.

[57] 杨燕明，郑凌虹，文洪涛，等. 无人机遥感技术在海岛管理中的应用研究 [J]. 海洋开发与管理，2011（1）：6–10.

[58] 张海荣, 马静, 徐雷, 等. 遥感在环境监测领域的应用 [J]. 北方环境, 2011, 2（4）: 126–129.

[59] 郭索彦, 李智广, 赵辉. 我国水土保持监测制度体系建设现状与任务 [J]. 中国水土保持科学, 2011, 12（6）: 22–26.

[60] 李营, 陈忱, 张峰, 等. 无人机影像高铁竣工环保验收信息分类体系研究 [J]. 铁道工程学报, 2011（7）: 106–111.

[61] 朱京海, 徐光, 刘家斌, 等. 无人机遥感系统在环境保护领域中的应用 [J]. 环境保护与循环经济, 2011（9）: 45–48.

[62] 雷添杰, 李长春, 何孝莹, 等. 无人机航空遥感系统在灾害应急救援中的应用 [J]. 自然灾害学报, 2011, 20（1）: 178–183.

[63] 马瑞升, 杨斌, 张利辉, 等. 微型无人机林火监测系统的设计与实现 [J]. 浙江农林大学学报, 2012, 29（5）: 783–789.

[64] 李兴华, 罗秀兰, 龚绪才. 无人机航测技术应用于公路崩滑陡峭地段测量分析 [J]. 公路交通技术, 2012（4）: 49–53.

[65] 申朝永, 赵静. 无人机遥感在贵州国土资源管理中的应用 [J]. 华东科技: 学术版, 2013（4）: 483–483.

[66] 张君, 李俊. 无人机遥感系统在走马塘拓浚延伸工程环水保管理中的应用 [J]. 水土保持应用技术, 2013（5）: 23–24.

[67] 李志斌, 冯再福. 无人机遥感系统在电力工程环保水保中的应用 [J]. 电力勘测设计, 2013, 10（5）: 30–33.

[68] 王新国. 福清渔溪至平潭高速公路水土保持监测 [J]. 亚热带水土保持, 2013（3）: 59–60.

[69] 翟然, 等. 黄土高原水土保持遥感监测影像配置方案研究 [J]. 人民黄河, 2014（6）: 97–99.

[70] 董建成, 蒋乐天. 小型无人机交通辅助系统 [J]. 电子产品世界, 2014（11）: 49–50.

[71] 玉素甫江·买买提. 论低空无人机遥感技术在水利相关领域中的应用前景 [J]. 中国新通信, 2014（22）: 66–67.

[72] 宋世伟. 小型无人机高速公路监控系统应用研究 [D]. 石家庄: 石家庄铁道大学, 2014.

[73] 魏方震, 武少丰, 等. 天宝 UX5 无人机航测系统在公路勘察设计中的应用 [J]. 测绘通报, 2015（3）: 138–139.

[74] 王志良, 等. 无人机低空遥感技术在线状工程水土保持监测中的应用探讨, 以新建重庆至万州铁路为例 [J]. 中国水土保持科学, 2015（04）: 132–136.

[75] 松辽水利委员会松辽流域水土保持监测中心站. 无人机遥测技术在

水土保持监管中的应用[J].中国水土保持，2015（9）：73-76.

[76] 刘宇, 等. 基于无人机实时航拍数据的突发事件应急救援系统开发[J].科技视界，2015（27）.

[77] 蔡志洲. 无人机遥感助力智能交通[J].无人机，2016（1）：23-25.

[78] 交通运输部环境保护中心. 小微型无人机在环境保护和水土保持中的应用培训教材（内部出版物），2014.

五、电子文献

[79] 林茂. 第四代无人机来了！航拍无人机发展历程[EB/OL].（2016-04-29）[2016-08-15].http://www.wtoutiao.com/p/171LydK.html

[80] 彭丽. 环保部在华北地区开展无人机执法检查行动[EB/OL].（2014-06-30）[2016-08-15]. http://www.ccin.com.cn/ccin/news/2014/06/30/298565.shtml.

[81] 垃圾场成气体污染源 英环保局用无人机进行检测[EB/OL].（2014-06-30）[2016-08-15].http://www.wrjzj.com/wrjyy/jsaf/941.html.

[82] 汤姆. 无人机又有新用途：保护亚马逊雨林生态环境[EB/OL].（2015-06-09）[2016-08-15]. http://tech.qq.com/a/2015-06-09/041161.htm.

[83] 赵晖. 天大无人机海外探悬棺[EB/OL].（2016-03-23）[2016-08-15].http://epaper.tianjinwe.com/tjrb/tjrb/2016-03-23/content_7430406.htm.

[84] wwwWo. 当小飞机遇见大猴王[EB/OL].（2015-06-08）[2016-08-15]. http://www.jianshu.com/p/97dd85a129e6.

[85] 周艳涛，杨德合. 我省建文物安全大防控体系 首次运用无人机巡查文物[EB/OL].（2015-06-14）[2016-08-15]. http://hsb.hsw.cn/system/2015/0614/3305.shtml.

[86] 李凯. 新疆开出首张无人机罚单 巴州一单位无人机随意飞被罚2万元[EB/OL].（2015-10-29）[2016-08-15]. http://www.toutiao.com/i6210870168577819137.

[87] 环球无人机综合报道. 全球首条无人机高速公路将于2016年在非洲运营[EB/OL].（2015-09-24）[2016-08-15]. http://uav.huanqiu.com/yyc/2015-09/7561261.html.

[88] 杨博. 无人机探出10吨危险废物[EB/OL].（2015-05-07）[2016-08-15]. http://gd.people.com.cn/n/2015/0507/c123932-24769807.html.

[89] 徐壮志. 新闻无人机队航拍滨海爆炸事故现场[EB/OL].（2015-08-15）[2016-08-15]. http://news.xinhuanet.com/politics/2015-08-15/c_128131091.htm.

[90] 韩婷. 无人机航拍新疆公格尔九别峰 揭示冰川地质灾害原因

[EB/OL].（2015–06–10）[2016–08–15]. http://xj.people.com.cn/n/2015/0610/c188514–25181337.html.

[91] 新华网安徽频道. 安徽首个无人机新闻报道队正式"起飞"[EB/OL].（2015–07–25）[2016–08–15]. http://www.ahlife.com/html/201507/280123.html.

[92] 麻昭指挥部综合办. 麻昭高速运用无人机监测高墩边坡施工 [EB/OL].（2014–10–23）[2016–08–15]. http://www.ynsglj.com/Item/4986.aspx.

[93] 云南省公路局. 云南省公路信息中心前往总段国道 213 线机械化养护和应急中心项目部进行无人机飞控实测 [EB/OL].（2016–04–07）[2016–08–15]. http://www.ynsglj.com/Item/6601.aspx.

[94] 环球无人机报道. 从长江沉船搜救看无人机：已成紧急事故救援标配 [EB/OL].（2015–06–05）[2016–08–15]. http://uav.huanqiu.com/hyg/2015-06/6607786.html.

[95] 3sNews. 红外热成像无人机协助长江沉船搜救工作 [EB/OL].（2015–06–04）[2016–08–15]. http://www.wtoutiao.com/p/f80rET.html.

[96] 36氪. 无人机百年史话 [EB/OL].（2016–01–23）[2016–08–15]. http://tech.sina.com.cn/i/2016–01–23/doc-ifxnuvxc1745574.shtml

[97] 森防总站. 浙江省首次试用小型无人机监测有害生物 [EB/OL].（2014–12–26）[2016–08–15]. http://www.forestry.gov.cn/main/102/content–728066.html.

[98] 环球无人机综合报道. 场面壮观！无人机航拍海鸟罕见栖息迁徙形态 [EB/OL].（2016–03–21）[2016–08–15]. http://uav.huanqiu.com/yyc/2016-03/8744004.html.

[99] 中央电视台新闻直播间. 2016我们与藏羚羊 [EB/OL].（2016–08–13）[2016–08–15]. http://tv.cntv.cn/video/C10616/df6d16b0d73843b9a30a7fd8dc7a8e2f.

郑重声明

高等教育出版社依法对本书享有专有出版权。任何未经许可的复制、销售行为均违反《中华人民共和国著作权法》，其行为人将承担相应的民事责任和行政责任；构成犯罪的，将被依法追究刑事责任。为了维护市场秩序，保护读者的合法权益，避免读者误用盗版书造成不良后果，我社将配合行政执法部门和司法机关对违法犯罪的单位和个人进行严厉打击。社会各界人士如发现上述侵权行为，希望及时举报，本社将奖励举报有功人员。

反盗版举报电话　（010）58581999　58582371　58582488
反盗版举报传真　（010）82086060
反盗版举报邮箱　dd@hep.com.cn
通信地址　北京市西城区德外大街 4 号
　　　　　高等教育出版社法律事务与版权管理部
邮政编码　100120